もくじ

大日本図書版　数学3年

JN085232

テストの範囲や学習予定日を書こう！

	学習計画	
	出題範囲	学習予定日
	5/14	5/10
	テストの日	5/11

🖋 **解答と解説**　　　　　　　　　　　　　　　　　　　　　　　別冊

🖋 **ふろく**　テストに出る！ **5分間攻略ブック**　　　　　　　　別冊

1章 多項式

1節 多項式の計算

テストに出る！ 教科書の ココ が 要点

📖 さらっとまとめ （赤シートを使って，□に入るものを考えよう。）

1 多項式と単項式の乗法，除法 教 p.14～p.15

・ 分配法則 を使って計算する。

・$a(b+c)=$ $ab+ac$ $\qquad$ $(a+b)c=$ $ac+bc$

・$(b+c)\div a=\dfrac{b+c}{a}=$ $\dfrac{b}{a}+\dfrac{c}{a}$ $\qquad$ $(b+c)\div a=(b+c)\times$ $\dfrac{1}{a}$ $=\dfrac{b}{a}+\dfrac{c}{a}$

2 多項式の乗法 教 p.16～p.17

・積の形をした式を1つの多項式に表すことを，もとの式を 展開する という。

$(a+b)(c+d)=$ $ac+ad+bc+bd$

3 展開の公式 教 p.18～p.24

公式1　$(x+a)(x+b)=$ $x^2+(a+b)x+ab$

公式2　$(x+a)^2=$ $x^2+2ax+a^2$ $\qquad$ 公式3　$(x-a)^2=$ $x^2-2ax+a^2$

公式4　$(x+a)(x-a)=$ x^2-a^2

✓ スピード確認 （□に入るものを答えよう。答えは，下にあります。）

1

□ $3a(2a-5b)=3a\times 2a-3a\times 5b=$ ①

□ $(6m+2n)\times(-m)=6m\times(-m)+2n\times(-m)=$ ②

□ $(4xy-8x)\div 2x=\dfrac{4xy}{2x}-\dfrac{8x}{2x}=$ ③

□ $(8x^2+6xy)\div\dfrac{2}{3}x=(8x^2+6xy)\times$ ④ $=$ ⑤

2

□ $(2x-3)(x+4)=2x^2+8x-3x-12=$ ⑥

★$(a+b)(c+d)=ac+ad+bc+bd$

3

□ $(x+7)(x-3)=x^2+\{7+($ ⑦ $)\}x+7\times(-3)=$ ⑧

★$(x+a)(x+b)=x^2+(a+b)x+ab$

□ $(x+4)^2=x^2+2\times 4\times x+4^2=$ ⑨

□ $(a-6)^2=a^2-2\times 6\times a+6^2=$ ⑩

□ $(y+3)(y-3)=y^2-$ ⑪ $^2=$ ⑫

①＿＿＿＿＿＿

②＿＿＿＿＿＿

③＿＿＿＿＿＿

④＿＿＿＿＿＿

⑤＿＿＿＿＿＿

⑥＿＿＿＿＿＿

⑦＿＿＿＿＿＿

⑧＿＿＿＿＿＿

⑨＿＿＿＿＿＿

⑩＿＿＿＿＿＿

⑪＿＿＿＿＿＿

⑫＿＿＿＿＿＿

答 ①$6a^2-15ab$　②$-6m^2-2mn$　③$2y-4$　④$\dfrac{3}{2x}$　⑤$12x+9y$　⑥$2x^2+5x-12$　⑦-3　⑧$x^2+4x-21$　⑨$x^2+8x+16$　⑩$a^2-12a+36$　⑪3　⑫y^2-9

基礎力UP テスト対策問題

1 多項式と単項式の乗法，除法　次の計算をしなさい。

(1) $2a(4a+3b)$

(2) $(-5ax+x)\times(-2x)$

(3) $(6x^2-9x)\div 3x$

(4) $(-20x^3+4xy)\div\left(-\dfrac{4}{5}x\right)$

2 多項式の乗法　次の式を展開しなさい。

(1) $(a-1)(b+2)$

(2) $(x+2)(2x-3)$

(3) $(a+4)(a-3b+2)$

(4) $(x+2y-3)(x-2)$

3 展開の公式　次の式を展開しなさい。

(1) $(x+5)(x+2)$

(2) $(x+4)(x-6)$

(3) $(x+7)^2$

(4) $(a-3)^2$

(5) $(x+6)(x-6)$

(6) $(8-a)(8+a)$

4 いろいろな式の展開　次の計算をしなさい。

(1) $(2x-3)(2x+5)$

(2) $(3x-2y)^2$

(3) $(a+b-6)(a+b+2)$

(4) $2(x-3)^2-(x+4)(x-5)$

1 (4)のような除法は乗法になおして計算する。

ミス注意！

(4) $\div\left(-\dfrac{4}{5}x\right)$ を $\times\left(-\dfrac{5}{4}x\right)$ としないこと。

2 (1) まず，a に b と 2 をかけ，次に -1 に b と 2 をかける。

$(a-1)(b+2)$
$=ab+2a-b-2$

(3) $(a+4)(a-3b+2)$
$=a(a-3b+2)$
$\qquad +4(a-3b+2)$

3 (1)(2) $(x+a)(x+b)$
$=x^2+(a+b)x+ab$
の公式を使う。

(3)(4) $(x+a)^2$
$=x^2+2ax+a^2$,
$(x-a)^2$
$=x^2-2ax+a^2$
の公式を使う。

(5)(6) $(x+a)(x-a)$
$=x^2-a^2$
の公式を使う。

4 (3) $a+b$ を A と置く。

(4) まず，$2(x-3)^2$ と $(x+4)(x-5)$ を別々に展開してから，同類項をまとめる。

テストに出る!
予想問題

1章 多項式
1節 多項式の計算

🕐 20分

/16問中

1 多項式と単項式の乗法，除法　次の計算をしなさい。

(1) $(5x-2y)\times(-4x)$

(2) $(3x^2y+9xy)\div\dfrac{3}{4}x$

2 多項式の乗法　次の式を展開しなさい。

(1) $(a+2)(b-6)$

(2) $(a-3b+2)(2a-b)$

3 🔍よく出る　展開の公式　次の式を展開しなさい。

(1) $(x+3)(x+4)$

(2) $(x-8)(x+4)$

(3) $(x-8)^2$

(4) $\left(x+\dfrac{1}{5}\right)\left(x-\dfrac{1}{5}\right)$

4 いろいろな式の展開　次の式を展開しなさい。

(1) $(3x-2)(3x+4)$

(2) $(2x-5y)^2$

(3) $(2x+7)(2x-7)$

(4) $(a+b+8)(a+b-5)$

5 展開の公式の利用　次の式を工夫して計算しなさい。

(1) 52×48

(2) 102^2

6 展開の公式の利用　$x=5$，$y=-\dfrac{1}{5}$ のときの，次の式の値を求めなさい。

(1) $(x-2y)^2-4y^2$

(2) $(x+y)(x-9y)-(2x+3y)(2x-3y)$

成績
UP
ナビ

5 どの展開の公式を使うかを考える。

6 展開の公式を使って，式を簡単にしてから数を代入する。

2節 因数分解　3節 式の利用

テストに出る！ 教科書の ココ が 要点

さらっとまとめ（赤シートを使って，□に入るものを考えよう。）

1 因数分解 教 p.26〜p.27

・1つの式をいくつかの単項式や多項式の積の形に表すとき，その1つ1つの式を，もとの式の 因数 という。

・多項式を因数の積の形に表すことを，その多項式を 因数分解 するという。

・共通な因数をくくり出す因数分解 $mx+my=$ $m(x+y)$

2 因数分解の公式 教 p.28〜p.34

公式1′　$x^2+(a+b)x+ab=$ $(x+a)(x+b)$

公式2′　$x^2+2ax+a^2=$ $(x+a)^2$　　　公式3′　$x^2-2ax+a^2=$ $(x-a)^2$

公式4′　$x^2-a^2=$ $(x+a)(x-a)$

3 式の利用 教 p.36〜p.39

・式を利用して，数や図形の性質を証明することができる。

スピード確認（□に入るものを答えよう。答えは，下にあります。）

1 次の式を因数分解しなさい。

□ $3x^2+xy=x\times 3x+x\times y=$ ①

□ $6ax-9ay=3a\times 2x-3a\times 3y=$ ②

★共通な因数をくくり出す。

2 次の式を因数分解しなさい。

□ $x^2-x-12=x^2+\{3+(\boxed{③})\}x+3\times(-4)=$ ④

★$x^2+(a+b)x+ab=(x+a)(x+b)$

□ $a^2+6a+9=a^2+2\times 3\times a+3^2=$ ⑤

★$x^2+2ax+a^2=(x+a)^2$

□ $x^2-16x+64=x^2-2\times 8\times x+8^2=$ ⑥

★$x^2-2ax+a^2=(x-a)^2$

□ $a^2-16=a^2-4^2=$ ⑦

★$x^2-a^2=(x+a)(x-a)$

3 □ 連続する2つの偶数を $2n$，⑧ とすると，

それらの積に1を加えた数は，$2n(\boxed{⑧})+1=4n^2+4n+1=(\boxed{⑨})^2$

n は整数だから，⑨は ⑩ である。よって，連続する2つの偶数の積に1を加えると奇数の2乗になる。

① _____
② _____
③ _____
④ _____
⑤ _____
⑥ _____
⑦ _____
⑧ _____
⑨ _____
⑩ _____

答 ①$x(3x+y)$　②$3a(2x-3y)$　③-4　④$(x+3)(x-4)$　⑤$(a+3)^2$　⑥$(x-8)^2$　⑦$(a+4)(a-4)$
⑧$2n+2$　⑨$2n+1$　⑩奇数

基礎力UP テスト対策問題

1 共通な因数をくくり出す因数分解　次の式を因数分解しなさい。

(1) $x^2 - 4xy$

(2) $4ab - 6ac$

2 公式による因数分解　次の式を因数分解しなさい。

(1) $x^2 - 5x + 4$

(2) $a^2 - 2a - 8$

(3) $x^2 + 16x + 64$

(4) $x^2 - 1$

3 いろいろな式の因数分解　次の式を因数分解しなさい。

(1) $2x^2 - 2x - 24$

(2) $4x^2 - 12x + 9$

(3) $25a^2 - 16b^2$

(4) $(x+7)^2 - 10(x+7) + 25$

4 因数分解の公式の利用　次の式を工夫して計算しなさい。
$$25^2 \times 3.14 - 15^2 \times 3.14$$

5 因数分解の公式の利用　$a = 84$, $b = 34$ のときの，式 $a^2 - 2ab + b^2$ の値を求めなさい。

6 式の利用　連続する2つの奇数の積に1を加えた数は，4の倍数になります。このことを証明しなさい。

テスト対策ナビ

1 (2) $4ab - 6ac$
$= 2a \times 2b - 2a \times 3c$
より，共通な因数 $2a$ をくくり出す。

2 (1) $x^2 - 5x + 4$
$= x^2 + \{(-1) + (-4)\}x + (-1) \times (-4)$
として因数分解する。

3 (1) まず共通な因数2をくくり出してから，かっこの中を因数分解する。
$2x^2 - 2x - 24$
$= 2(x^2 - x - 12)$
(4) $x+7$ を1つの文字に置きかえて考える。

4 まず，3.14でくくり，
$a^2 - b^2 = (a+b)(a-b)$
を利用して計算する。

5 式を因数分解してから，数を代入する。

6 連続する2つの奇数を $2n-1$, $2n+1$ として，計算する。

テストに出る！

予想問題

1章 多項式
2節 因数分解　3節 式の利用

⏱20分

/13問中

1 共通な因数をくくり出す因数分解　次の式を因数分解しなさい。

(1) $3ab+6bc$

(2) $6ax-2ay+4az$

2 🔍よく出る　公式による因数分解　次の式を因数分解しなさい。

(1) $x^2-9x+18$

(2) a^2+2a-8

(3) $x^2+14x+49$

(4) $25-y^2$

3 展開と因数分解の関係　次の□にあてはまる数や式を求めなさい。

(1) $x^2+\boxed{①}-21$

$=(x-3)(x+\boxed{②})$

(2) $x^2-18x+\boxed{③}$

$=(x-\boxed{④})^2$

4 いろいろな式の因数分解　次の式を因数分解しなさい。

(1) $3x^2+12x-36$

(2) $9x^2-6x+1$

(3) $(3x+4)^2-(2x-5)^2$

(4) $ab+2a-3(b+2)$

5 式の利用　右の図のような縦 x m，横 y m の長方形の土地の周囲に，幅 z m の道があります。この道の面積を S m²，道の真ん中を通る線の長さを ℓ m とするとき，$S=z\ell$ となります。このことを証明しなさい。

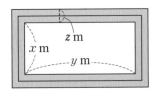

4 (4) $ab+2a=a(b+2)$ として，$b+2$ を A と置く。
5 S，ℓ を x，y，z を使った式で表す。

テストに出る！

章末予想問題 1章 多項式

⏱ 30分

/100点

1 次の計算をしなさい。 4点×2〔8点〕

(1) $(x-3y-4)\times(-2xy)$

(2) $(4a^2b-8ab^2-6ab)\div\dfrac{2}{3}ab$

2 次の式を展開しなさい。 4点×4〔16点〕

(1) $(x-4)(2y-7)$

(2) $(x+3)(x-8)$

(3) $(x-5)^2$

(4) $\left(y-\dfrac{2}{3}\right)\left(y+\dfrac{2}{3}\right)$

3 次の計算をしなさい。 4点×4〔16点〕

(1) $(4x-3)(4x+5)$

(2) $(2x+1)^2-3(x-2)$

(3) $(x-3)(x+8)-(x+4)(x-6)$

(4) $(a+2b+3)(a+2b-3)$

4 次の式を因数分解しなさい。 4点×8〔32点〕

(1) $4x^2-6xy$

(2) $x^2+8x-20$

(3) $y^2-18y+81$

(4) x^2-121

(5) $25x^2+20xy+4y^2$

(6) $12x^2-27y^2$

(7) $(x-2)^2+2(x-2)-35$

(8) $3ab+a-6b-2$

満点ゲット作戦

公式を利用するときは，文字 x，y，a，b などにあたるものが何か
を確かめて，展開や因数分解を行おう。

ココが要点 を再確認	もう一歩	合格
0	70　　85	100点

⑤ $x=2$，$y=-\dfrac{1}{4}$ のときの，式 $(x+y)^2-(x-y)^2$ の値を求めなさい。　〔8点〕

⑥ 連続する3つの整数では，小さいほうの2つの数の積と大きいほうの2つの数の積の和は，
真ん中の整数の2乗の2倍に等しくなります。このことを証明しなさい。　〔10点〕

⑦ 右の図のような，大小2つの正方形があります。色の
ついた部分の面積を，a を使った式で表しなさい。
　また，$a=9$ のときの色のついた部分の面積を求めな
さい。　〔10点〕

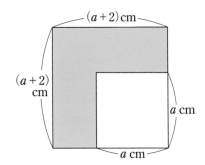

1	(1)	(2)	
2	(1)	(2)	(3)
	(4)		
3	(1)	(2)	(3)
	(4)		
4	(1)	(2)	(3)
	(4)	(5)	(6)
	(7)	(8)	
5			
6			
7			

1	/8点	2	/16点	3	/16点	4	/32点	5	/8点	6	/10点	7	/10点

2章 平方根

1節 平方根

テストに出る！ 教科書の ココ が 要点

📖 さらっとまとめ（赤シートを使って，□に入るものを考えよう。）

1 平方根とその表し方 教 p.46〜p.48

・$x^2 = a$ を成り立たせる x の値を a の [平方根] という。

・正の数 a の平方根は　正のほう… [$\sqrt{a}$]　⎫ $\pm\sqrt{a}$　　・$\sqrt{0} =$ [0]
　　　　　　　　　　　負のほう… [$-\sqrt{a}$]　⎭

・記号 $\sqrt{}$ を [根号] といい，$\sqrt{a}$ は「ルート a」と読む。

> 0 の平方根は
> 1 つだけ！

2 平方根の大小 教 p.49

・a，b が正の数で，$a < b$ ならば $\sqrt{a}$ [<] $\sqrt{b}$

3 近似値と有効数字，有理数と無理数 教 p.50〜p.53

・測定値のように，真の値に近い値を [近似値] という。

・近似値と真の値との差を [誤差] という。（誤差）＝（近似値）−（真の値）

・近似値を表す数字のうちで信頼できる数字を [有効数字] という。

・分数で表すことができる数を [有理数] といい，有理数ではない数を [無理数] という。

・0.3 や 0.42 などのように，終わりのある小数を [有限小数] という。これに対して，終わりがなくどこまでも続く小数を [無限小数] という。

・いくつかの数字が同じ順序でくり返し現れる無限小数を [循環小数] という。

✓ スピード確認 （□に入るものを答えよう。答えは，下にあります。）

1
□ 49 の平方根は ①，6 の平方根は ②

□ 根号を使わずに表すと，$-\sqrt{9} =$ ③，$\sqrt{\dfrac{9}{16}} =$ ④

2
□ 数の大小を不等号を使って表すと，$\sqrt{6}$ ⑤ $\sqrt{5}$

□ 数の大小を不等号を使って表すと，$-\sqrt{26}$ ⑥ $-\sqrt{24}$

3
□ 測定値が 3.23 cm のとき，真の値 a の範囲は，
　　$3.225 \leq a <$ ⑦

□ 520 m の有効数字が 5，2 のとき，⑧ $\times 10^2$ m と表す。

□ $\dfrac{7}{11}$ を小数で表すと，循環小数となり，（・）をつけて表すと，⑨ となる。

① _____

② _____

③ _____

④ _____

⑤ _____

⑥ _____

⑦ _____

⑧ _____

⑨ _____

答 ①± 7 ②$\pm\sqrt{6}$ ③-3 ④$\dfrac{3}{4}$ ⑤$>$ ⑥$<$ ⑦$3.235$ ⑧$5.2$ ⑨$0.\overset{\cdot}{6}\overset{\cdot}{3}$

解答 **p.3**

基礎力UP テスト対策問題

1 平方根とその表し方　次の問いに答えなさい。

(1) 次の数の平方根を求めなさい。

① 64　　　　　　　② 0.81

(2) 次の数の平方根を，根号を使って表しなさい。

① 7　　　　　　　② 0.5

(3) 次の数を，根号を使わないで表しなさい。

① $-\sqrt{49}$　　　　　② $\sqrt{(-17)^2}$

③ $\sqrt{0.04}$　　　　　④ $-\sqrt{\dfrac{49}{25}}$

(4) 次の数を求めなさい。

① $(\sqrt{11})^2$　　　　　② $(-\sqrt{36})^2$

2 平方根の大小　次の各組の数の大小を，等号や不等号を使って表しなさい。

(1) $\sqrt{18}$, $\sqrt{6}$　　　　(2) $\sqrt{1.69}$, 1.3

(3) $-\sqrt{21}$, $-\sqrt{23}$　　　(4) 4, 5, $\sqrt{20}$

3 近似値　測定値が 5.6 cm のとき，次の□にあてはまる数を書きなさい。

(1) 真の値 a の範囲は，$\boxed{} \leqq a < \boxed{}$

(2) 誤差の絶対値は $\boxed{}$ 以下である。

4 有理数と無理数　次の数の中から，無理数をすべて選びなさい。

㋐ 0.11　　㋑ $\dfrac{3}{\sqrt{2}}$　　㋒ π　　㋓ $\sqrt{\dfrac{9}{25}}$　　㋔ $\sqrt{4}+\sqrt{5}$

テスト対策ナビ

絶対に覚える！

$\begin{array}{c} \sqrt{a} \\[-2pt] -\sqrt{a} \end{array} \underset{\text{平方根}}{\overset{\text{2乗}}{\rightleftarrows}} a$

1 (3) ② $\sqrt{(-17)^2}$ は $(-17)^2=289$ の平方根のうち，正のほうを表すので，-17 は誤り。

絶対に覚える！

$0<a<b$ ならば $\sqrt{a}<\sqrt{b}$

ミス注意！

$0<a<b$ ならば
$\sqrt{a}<\sqrt{b}$
$-\sqrt{a}>-\sqrt{b}$

3 (2) 誤差は，
(近似値)−(真の値)
で求める。

11

テストに出る！
予想問題

2章 平方根
1節 平方根

🕐20分

/18問中

1 平方根とその表し方　次の数の平方根を求めなさい。

(1) 900

(2) 0.49

(3) $\dfrac{5}{6}$

2 平方根とその表し方　次の数を，根号を使わないで表しなさい。

(1) $\sqrt{64}$

(2) $-\sqrt{0.64}$

(3) $-\sqrt{121}$

3 平方根とその表し方　次のことは正しいですか。正しいものには〇をつけ，誤っているものには下線部を正しくなおしなさい。

(1) 9 の平方根は <u>3</u> である。

(2) $\sqrt{100}$ は <u>±10</u> である。

(3) $\sqrt{(-7)^2}$ は <u>−7</u> に等しい。

(4) $(-\sqrt{12})^2$ は <u>12</u> に等しい。

4 💡よく出る　平方根の大小　次の各組の数の大小を，不等号を使って表しなさい。

(1) $\sqrt{17}$, $\sqrt{15}$

(2) $\sqrt{2.56}$, 2.5

(3) -3, $-\sqrt{10}$, $-\sqrt{8}$

5 近似値と有効数字　次の問いに答えなさい。

(1) 次の測定値の真の値 a の範囲を，不等号を使って表しなさい。

① 31 L

② 62.5 m

(2) 次の測定値を，（　　）内の有効数字の桁数として，整数部分が 1 桁の小数と 10 の累乗との積の形で表しなさい。

① 地球の直径　12800 km　（有効数字 3 桁）

② 日本の面積　378000 km²（有効数字 4 桁）

6 有理数と無理数　次の数直線上の点 A，B，C，D，E は，下の数のどれかと対応しています。これらの点に対応する数をそれぞれ求めなさい。

$-\dfrac{7}{4}$, 2.5, $-\sqrt{6}$, $\sqrt{3}$, $-\sqrt{10}$

```
        A B C                D E
  ┼──┼──┼──┼──┼──┼──┼──┼──┼
 -4 -3 -2 -1  0  1  2  3  4
```

成績
UP
ナビ

4 (3) $\sqrt{a} < \sqrt{b}$ のときは，$-\sqrt{a} > -\sqrt{b}$ となることに注意する。

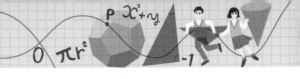

2章 平方根

2節 根号をふくむ式の計算　3節 平方根の利用

テストに出る！ 教科書のココが要点

さらっとまとめ （赤シートを使って，□に入るものを考えよう。）

1 根号をふくむ数・式の乗法，除法　教 p.56〜p.63

$a>0$，$b>0$ のとき

・$\sqrt{a} \times \sqrt{b} = \sqrt{a}\sqrt{b} = \sqrt{\boxed{ab}}$　　　$\dfrac{\sqrt{a}}{\sqrt{b}} = \sqrt{\boxed{\dfrac{a}{b}}}$

・$a\sqrt{b} = \sqrt{\boxed{a^2 \times b}}$　　　$\sqrt{a^2 \times b} = \boxed{a\sqrt{b}}$

・分母に根号のない形になおすことを，分母を $\boxed{\text{有理化する}}$ という。

2 根号をふくむ数の加法，減法　教 p.64〜p.65

・$a\sqrt{c} + b\sqrt{c} = (\boxed{a+b})\sqrt{c}$

・$a\sqrt{c} - b\sqrt{c} = (\boxed{a-b})\sqrt{c}$

3 根号をふくむいろいろな式の計算　教 p.66〜p.67

・分配法則や展開の公式を使って，根号をふくむ式を計算することができる。

・式の値を求めるとき，因数分解してから数を代入したほうが簡単になる場合がある。

スピード確認 （□に入るものを答えよう。答えは，下にあります。）

1
- $\sqrt{3} \times \sqrt{7} = \sqrt{3 \times 7} = \boxed{①}$
- $\sqrt{15} \div \sqrt{3} = \boxed{②}$
- $3\sqrt{5}$ を $\sqrt{a}$ の形で表すと，$3\sqrt{5} = \sqrt{9 \times 5} = \boxed{③}$
- $\sqrt{18}$ を $a\sqrt{b}$ の形で表すと，$\sqrt{18} = \sqrt{3^2 \times 2} = \sqrt{3^2} \times \sqrt{2} = \boxed{④}$
- $\dfrac{5}{\sqrt{2}}$ の分母を有理化すると，$\dfrac{5}{\sqrt{2}} = \dfrac{5 \times \sqrt{2}}{\sqrt{2} \times \sqrt{2}} = \boxed{⑤}$
- $\sqrt{2} \div \sqrt{6} \times (-\sqrt{12}) = -\dfrac{\sqrt{2} \times 2\sqrt{3}}{\sqrt{6}} = \boxed{⑥}$

2
- $2\sqrt{7} + 5\sqrt{7} = \boxed{⑦}$
- $\sqrt{24} - 3\sqrt{6} = 2\sqrt{6} - 3\sqrt{6} = \boxed{⑧}$

3
- $2\sqrt{3} + \dfrac{9}{\sqrt{3}} = 2\sqrt{3} + \dfrac{9 \times \sqrt{3}}{\sqrt{3} \times \sqrt{3}} = \boxed{⑨}$
- $(2 - \sqrt{5})^2 = 2^2 - 2 \times \sqrt{5} \times 2 + (\sqrt{5})^2 = \boxed{⑩}$
- $x = 5 - \sqrt{2}$ のときの，式 $x^2 - 10x + 25$ の値は，
  $x^2 - 10x + 25 = (x-5)^2 = (5 - \sqrt{2} - 5)^2 = \boxed{⑪}$

① _____
② _____
③ _____
④ _____
⑤ _____
⑥ _____
⑦ _____
⑧ _____
⑨ _____
⑩ _____
⑪ _____

答 ①$\sqrt{21}$　②$\sqrt{5}$　③$\sqrt{45}$　④$3\sqrt{2}$　⑤$\dfrac{5\sqrt{2}}{2}$　⑥-2　⑦$7\sqrt{7}$
⑧$-\sqrt{6}$　⑨$5\sqrt{3}$　⑩$9 - 4\sqrt{5}$　⑪2

基礎力UP テスト対策問題

1 根号をふくむ数の乗法，除法　次の計算をしなさい。

(1) $\sqrt{3} \times \sqrt{13}$

(2) $\dfrac{\sqrt{150}}{\sqrt{6}}$

2 根号をふくむ数の変形　次の問いに答えなさい。

(1) 次の数を $\sqrt{a}$ の形になおしなさい。

① $2\sqrt{7}$

② $5\sqrt{3}$

(2) 次の数を，根号の中の数ができるだけ小さい自然数になるように，$a\sqrt{b}$ の形にしなさい。

① $\sqrt{72}$

② $\sqrt{500}$

3 分母の有理化，近似値を求める工夫　次の問いに答えなさい。

(1) 次の数の分母を有理化しなさい。

① $\dfrac{\sqrt{7}}{\sqrt{3}}$

② $\dfrac{6}{\sqrt{5}}$

(2) $\sqrt{3}=1.732$，$\sqrt{30}=5.477$ として，次の近似値を求めなさい。

① $\sqrt{300}$

② $\sqrt{3000}$

③ $\sqrt{0.3}$

4 根号をふくむ数の加法，減法　次の計算をしなさい。

(1) $2\sqrt{3}+5\sqrt{3}$

(2) $\sqrt{20}-\sqrt{40}+\sqrt{45}$

5 根号をふくむいろいろな式の計算　次の計算をしなさい。

(1) $\sqrt{21} \times (-3\sqrt{10}) \div \sqrt{70}$

(2) $\sqrt{20}+\dfrac{3}{\sqrt{5}}$

(3) $(3\sqrt{5}-1)^2$

(4) $(\sqrt{6}+\sqrt{3})(\sqrt{6}-\sqrt{3})$

6 式の値　$x=\sqrt{3}+\sqrt{2}$，$y=\sqrt{3}-\sqrt{2}$ のとき，式 x^2-y^2 の値を求めなさい。

テスト対策ナビ

絶対に覚える！

■ a，b が正の数
$$\sqrt{a} \times \sqrt{b} = \sqrt{ab}$$
$$\frac{\sqrt{a}}{\sqrt{b}} = \sqrt{\frac{a}{b}}$$
$$a\sqrt{b} \Longleftrightarrow \sqrt{a^2 \times b}$$

ポイント

■ 分母を有理化するときは，分母と分子に同じ数をかける。
$$\frac{a}{\sqrt{b}} = \frac{a \times \sqrt{b}}{\sqrt{b} \times \sqrt{b}}$$
$$= \frac{a\sqrt{b}}{b}$$

思い出そう！

5 (3) $(x-a)^2$
$= x^2-2ax+a^2$
(4) $(x+a)(x-a)$
$= x^2-a^2$

6 x^2-y^2 を先に因数分解してから x，y を代入すると計算しやすい。

テストに出る！

予想問題

2章 平方根
2節 根号をふくむ式の計算　3節 平方根の利用

⏱20分

/19問中

1 根号をふくむ数の乗法，除法　次の計算をしなさい。

(1) $\sqrt{3} \times \sqrt{27}$

(2) $\sqrt{48} \div (-\sqrt{8})$

(3) $\sqrt{6} \div \sqrt{30} \times \sqrt{15}$

2 根号をふくむ数の変形　次の数を，根号の中の数ができるだけ小さい自然数になるように，$a\sqrt{b}$ の形にしなさい。

(1) $\sqrt{80}$

(2) $\sqrt{275}$

(3) $3\sqrt{54}$

3 分母の有理化　次の数の分母を有理化しなさい。

(1) $\dfrac{\sqrt{2}}{\sqrt{7}}$

(2) $\dfrac{5}{2\sqrt{5}}$

(3) $\dfrac{\sqrt{8}}{2\sqrt{6}}$

4 根号をふくむ式の乗法，除法　次の計算をしなさい。

(1) $5\sqrt{3} \times 2\sqrt{6}$

(2) $(-\sqrt{5}) \div (-\sqrt{500})$

(3) $\sqrt{6} \div \sqrt{8} \times \sqrt{12}$

5 根号をふくむ数の加法，減法　次の計算をしなさい。

(1) $\sqrt{32} + \sqrt{50}$

(2) $\sqrt{8} + \sqrt{27} - \sqrt{75} + \sqrt{98}$

6 根号をふくむいろいろな式の計算　次の計算をしなさい。

(1) $\sqrt{6}\left(\dfrac{5}{\sqrt{3}} - 3\sqrt{2}\right)$

(2) $(\sqrt{5} + \sqrt{2})^2 - (\sqrt{5} - \sqrt{2})^2$

7 💡よく出る　式の値　$a = 4 - \sqrt{5}$ のとき，次の式の値を求めなさい。

(1) $a^2 - 8a + 16$

(2) $a^2 - 3a - 4$

8 平方根の利用　直径 36 cm の丸太から，切り口が正方形の角材を切り出します。正方形の 1辺ができるだけ長くなるようにするとき，1辺の長さは何 cm になりますか。

成績UPナビ

7 先に式を因数分解してから，a の値を代入する。

8 まず，正方形の面積を (対角線×対角線÷2) で求める。

テストに出る！

章末予想問題 | 2章 平方根

⏱ 30分

/100点

1 次の(1)〜(5)に答えなさい。 5点×5〔25点〕

(1) 48 の平方根を求めなさい。

(2) $\sqrt{\left(-\dfrac{2}{3}\right)^2}$ を根号を使わずに表しなさい。

(3) 60400 km を，有効数字を 3 桁として，整数部分が 1 桁の小数と 10 の累乗との積の形で表しなさい。

(4) $\dfrac{4}{\sqrt{32}}$ の分母を有理化しなさい。

(5) $x=\sqrt{6}-2$ のとき，式 x^2+4x+3 の値を求めなさい。

2 次の(1)〜(4)の数は，右のア〜エのどれにあてはまりますか。記号で答えなさい。 3点×4〔12点〕

(1) $\sqrt{15}$　(2) $1.\dot{2}\dot{3}$　(3) -3　(4) $\dfrac{4}{5}$

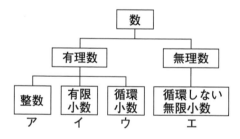

3 次の計算をしなさい。 5点×6〔30点〕

(1) $\sqrt{18}\times\sqrt{20}$

(2) $\sqrt{24}\div 3\sqrt{32}\times 2\sqrt{18}$

(3) $3\sqrt{3}-\sqrt{28}-2\sqrt{48}+\sqrt{175}$

(4) $\dfrac{1}{2\sqrt{2}}+\dfrac{6}{\sqrt{3}}\div\sqrt{6}$

(5) $2\sqrt{3}\left(\sqrt{27}-\dfrac{\sqrt{15}}{3}\right)$

(6) $(\sqrt{13}-\sqrt{5})(\sqrt{13}+\sqrt{5})-(\sqrt{5}-\sqrt{3})^2$

解答 p.4

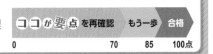

満点ゲット作戦
根号の中の数をできるだけ小さい自然数に変形したり，分母が無理数のときは有理化したりして，計算しよう。

ココが **要点** を再確認　もう一歩　合格
0　　　　　70　　85　　100点

4 次の(1)，(2)に答えなさい。 5点×2〔10点〕

(1) $\sqrt{10}<a<\sqrt{50}$ にあてはまる整数 a をすべて求めなさい。

(2) $7<\sqrt{8a}<9$ にあてはまる整数 a はいくつありますか。

5 体積が 450 cm³，高さが 10 cm の正四角柱があります。この正四角柱の底面の正方形の 1 辺の長さを求めなさい。 〔5点〕

6 差がつく　$\sqrt{10}$ を小数で表したとき，次の(1)～(3)に答えなさい。 6点×3〔18点〕

(1) $\sqrt{10}$ の整数部分の値を求めなさい。

(2) $\sqrt{10}$ の小数部分の値を求めなさい。

(3) (2)で求めた値を a とするとき，$a(a+6)$ の値を求めなさい。

1	(1)	(2)	(3)
	(4)	(5)	

2	(1)	(2)	(3)	(4)

3	(1)	(2)	(3)
	(4)	(5)	(6)

4	(1) $a=$	(2)

5		

6	(1)	(2)	(3)

1 /25点　**2** /12点　**3** /30点　**4** /10点　**5** /5点　**6** /18点

17

1節 2次方程式

テストに出る！ 教科書の **ココ**が**要点**

📖 さらっとまとめ（赤シートを使って，□に入るものを考えよう。）

1 2次方程式とその解　📖 p.80〜p.81

・$ax^2+bx+c=0$（a, b, c は定数，$a \neq 0$）の形になる方程式を，x についての $\boxed{\text{2次方程式}}$ という。

・2次方程式を成り立たせる文字の値を，その2次方程式の $\boxed{\text{解}}$ という。

・2次方程式のすべての解を求めることを，その2次方程式を $\boxed{\text{解く}}$ という。

2 因数分解による2次方程式の解き方　📖 p.82〜p.85

$AB=0$ ならば，$A=\boxed{0}$ または $B=\boxed{0}$ であることを利用する。

3 平方根の考えを使った2次方程式の解き方　📖 p.86〜p.87

・$ax^2+c=0 \rightarrow x^2=k$ の形にする $\rightarrow x=\pm\sqrt{k}$

・$(x+p)^2=q \rightarrow x+p=\pm\sqrt{q} \rightarrow x=-p\pm\sqrt{q}$

4 2次方程式の解の公式　📖 p.88〜p.90

2次方程式 $ax^2+bx+c=0$ の解は，$x=\boxed{\dfrac{-b\pm\sqrt{b^2-4ac}}{2a}}$

解の公式は，確実に覚えよう！

✓ スピード確認（□に入るものを答えよう。答えは，下にあります。）

1
□ 2次方程式 $x^2-6x+8=0$ について，
$2^2-6\times2+8=0$　　$4^2-6\times4+8=\boxed{①}$
したがって，$x^2-6x+8=0$ の解は，$x=\boxed{②}$，$x=4$

2
□ $x^2+2x-3=0 \rightarrow (x+3)(x-1)=0 \rightarrow x=\boxed{③}$，$x=\boxed{④}$

□ $x^2+4x+4=0 \rightarrow (x+2)^2=0 \rightarrow x=\boxed{⑤}$

□ $x^2+7x=0 \rightarrow x(x+7)=0 \rightarrow x=\boxed{⑥}$，$x=\boxed{⑦}$

3
□ $2x^2-16=0 \rightarrow x^2=8 \rightarrow x=\boxed{⑧}$

□ $(x-3)^2=7 \rightarrow x-3=\boxed{⑨} \rightarrow x=\boxed{⑩}$

4
□ $3x^2+4x-1=0$
解の公式より，
$x=\dfrac{-4\pm\sqrt{4^2-4\times3\times(-1)}}{2\times3}=\boxed{⑪}$

①＿＿＿＿＿＿
②＿＿＿＿＿＿
③＿＿＿＿＿＿
④＿＿＿＿＿＿
⑤＿＿＿＿＿＿
⑥＿＿＿＿＿＿
⑦＿＿＿＿＿＿
⑧＿＿＿＿＿＿
⑨＿＿＿＿＿＿
⑩＿＿＿＿＿＿
⑪＿＿＿＿＿＿

答 ①0 ②2 ③−3 ④1 ⑤−2 ⑥0 ⑦−7
⑧$\pm2\sqrt{2}$ ⑨$\pm\sqrt{7}$ ⑩$3\pm\sqrt{7}$ ⑪$\dfrac{-2\pm\sqrt{7}}{3}$

基礎力UP テスト対策問題

1 2次方程式とその解　次の2次方程式のうち，3が解であるものはどれですか。

　㋐　$x^2+4x+3=0$　　　㋑　$x^2+2x-3=0$

　㋒　$x^2+5x+6=0$　　　㋓　$x^2-x-6=0$

2 因数分解による解き方　次の2次方程式を解きなさい。

(1)　$(x-3)(2x+1)=0$　　(2)　$x^2+8x+12=0$

(3)　$x^2-6x+9=0$　　(4)　$x^2-5x=0$

(5)　$x^2-49=0$　　(6)　$(x+3)(x-1)=21$

3 平方根の考えを使った解き方　次の2次方程式を解きなさい。

(1)　$x^2-3=0$　　(2)　$3x^2-24=0$

(3)　$(x+5)^2=9$　　(4)　$(x-2)^2-3=0$

(5)　$x^2-6x=4$　　(6)　$x^2+8x-3=0$

4 2次方程式の解の公式　次の2次方程式を解きなさい。

(1)　$2x^2-3x-4=0$　　(2)　$3x^2+6x-1=0$

(3)　$4x^2-5x-6=0$　　(4)　$3x^2+10x+3=0$

5 2次方程式のいろいろな解き方　次の2次方程式を解きなさい。

(1)　$(x-5)^2-9=0$　　(2)　$(x-9)(x+5)=-33$

テスト対策ナビ

1 2次方程式の解を方程式に代入して，(左辺)＝(右辺)となるか確かめる。

絶対に覚える！
■因数分解による解き方
$AB=0$ ならば
$A=0$ または $B=0$

ポイント
■$ax^2=c$
→$x^2=\dfrac{c}{a}$
→$x=\pm\sqrt{\dfrac{c}{a}}$
■$(x+p)^2=q$
→$x+p=\pm\sqrt{q}$
→$x=-p\pm\sqrt{q}$

絶対に覚える！
■2次方程式
$ax^2+bx+c=0$ の解は，
$x=\dfrac{-b\pm\sqrt{b^2-4ac}}{2a}$

5 (2) $x^2+px+q=0$ の形に整理し，左辺を因数分解して解く。

テストに出る！
予想問題

**3章 2次方程式
1節 2次方程式**

⏱20分

/18問中

1 2次方程式の解き方　次の2次方程式を解きなさい。

(1) $(x-13)^2=0$

(2) $(3-x)(5x+1)=0$

2 因数分解による解き方　次の2次方程式を解きなさい。

(1) $x^2+2x-24=0$

(2) $x^2-22x+121=0$

(3) $x^2-12x=0$

(4) $5x^2+20x=60$

3 平方根の考えを使った解き方　次の2次方程式を解きなさい。

(1) $x^2-25=0$

(2) $2x^2-36=0$

(3) $(x+2)^2-7=0$

(4) $9(x-2)^2=25$

4 🔎**よく出る**　2次方程式の解の公式　次の2次方程式を解きなさい。

(1) $2x^2+5x-1=0$

(2) $x^2-2x-5=0$

(3) $3x^2-4x-2=0$

(4) $4x^2+8x+3=0$

5 2次方程式のいろいろな解き方　次の2次方程式を解きなさい。

(1) $(x-3)(x+6)=10$

(2) $(x-4)^2-54=0$

(3) $36x^2-12x=-1$

(4) $8x^2=24x-18$

3 (3), (4) $(x+p)^2=q$ の形になおしてから解く。
5 (4) 両辺を2で割ってから，（2次式）＝0 の形になおして解く。

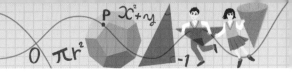

3章 2次方程式

2節 2次方程式の利用

テストに出る！ 教科書の ココが 要点

📕 **さらっとまとめ** (赤シートを使って，□に入るものを考えよう。)

1 数に関する問題 📖 **p.93**

・わかっている数量と求める数量を明らかにし，何を x にするかを決める。

・等しい関係にある数量を見つけて方程式をつくる。

・方程式を解く。

・方程式の解を問題の答えとしてよいかどうかを確かめ，答えを決める。

2 図形に関する問題 📖 **p.94〜p.96**

・求める長さなどを x で表し，方程式をつくる。

・方程式を解く。

・方程式の解を問題の答えとしてよいかどうかを確かめ，答えを決める。

☑ スピード確認 (□に入るものを答えよう。答えは，下にあります。)

□ ある整数に 5 を加えて 2 乗するところを，まちがえて 5 を加えて 2 倍してしまいました。しかし，答えは同じになりました。この整数を求めなさい。

　① _____

　② _____

この整数を x とすると，$(x+5)^2=2(x+\boxed{①})$

これを整理すると，$x^2+8x+15=0$

これを解くと，$x=-3$，$x=\boxed{②}$

x は整数なので，どちらも問題の答えとしてよい。

答　-3 と $\boxed{②}$

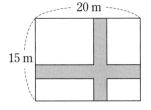

□ 縦 15 m，横 20 m の土地に，右の図のように幅が等しく，垂直な道をつくったら，残った土地の面積が 204 m² になりました。道の幅は何 m になりますか。

2 本の道をそれぞれ端に寄せて考える。

道の幅を x m として，残った土地について式をつくると，

　$(15-x)(20-x)=\boxed{③}$

　③ _____

　④ _____

これを整理すると，$x^2-35x+96=0$　$(x-\boxed{④})(x-32)=0$

　⑤ _____

よって，$x=\boxed{⑤}$，$x=32$

　⑥ _____

$0<x<15$ なので，$x=\boxed{⑥}$ は問題の答えとすることはできない。

$x=\boxed{⑦}$ は問題の答えとしてよい。　　　答　$\boxed{⑦}$ m

　⑦ _____

答　①5　②−5　③204　④3　⑤3　⑥32　⑦3

基礎力UP テスト対策問題

1 数に関する問題　大小2つの整数があります。その差は6で，積は91です。この2つの整数を求めなさい。

1 小さいほうの整数を x として，関係を式に表す。

2 数に関する問題　連続する2つの自然数があります。この2つの自然数の積は，2つの自然数の和よりも55大きくなります。2つの自然数を求めなさい。

ポイント

連続する2つの整数
$x,\ x+1$
連続する3つの整数
$x-1,\ x,\ x+1$
また，自然数は正の整数である。

3 図形に関する問題　右の図のような正方形 ABCD で，点Pは辺 AB 上，点Qは辺 BC 上にあり，**AP＝BQ** です。次のとき，**AP** の長さを求めなさい。

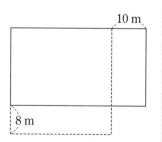

(1)　△PBQ の面積が $\dfrac{25}{2}$ cm² のとき

(2)　△PBQ の面積が 7 cm² のとき

(3)　△DPQ の面積が 38 cm² のとき

3 (1), (2)　AP の長さを x cm とすると，
PB＝$(10-x)$ cm，
BQ＝x cm より，
△PBQ の面積を x の式で表す。
(3)　△DPQ の面積は，
（正方形の面積）－
（△DAP＋△PBQ＋△QCD）
で求める。

4 図形に関する問題　右の図のように，正方形の土地の縦を8m短く，横を10m長くして長方形の土地をつくったら，長方形の土地の面積は880m²になりました。もとの土地の1辺の長さを求めなさい。

4 正方形の1辺の長さを x m として，長方形の土地の縦と横の長さを x で表す。

テストに出る！ 予想問題

3章 2次方程式
2節 2次方程式の利用

⏱20分

／5問中

1 数に関する問題　大小2つの自然数があります。その差は7で，積は120です。2つの自然数を求めなさい。

2 ✐よく出る　数に関する問題　連続する3つの自然数があります。もっとも小さい数の2乗ともっとも大きい数の2乗の和は，中央の数の2倍より6大きくなりました。それらの自然数を求めなさい。

3 図形に関する問題　右の図のような直角二等辺三角形 ABC で，点 P は AB 上，点 Q は BC 上にあり，AP＝CQ です。△PBQ の面積が △ABC の面積の $\frac{4}{9}$ のとき，AP の長さを求めなさい。

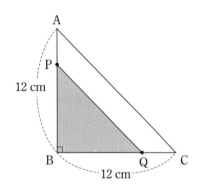

4 図形に関する問題　縦の長さが 12 m，横の長さが 16 m の長方形の畑に，右の図のように，幅が等しく垂直な通路をつくります。通路以外の部分の面積を 120 m² にするには，通路の幅を何 m にすればよいか求めなさい。

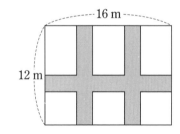

5 図形に関する問題　正方形の紙の4つの隅からそれぞれ1辺の長さが 4 cm の正方形を切り取って，直方体の容器を作ったら，容積が 576 cm³ になりました。もとの紙の1辺の長さを求めなさい。

3 AP の長さを x cm とおいて，△PBQ の面積を x の式で表す。
4 通路の幅を x m として，3本の通路をそれぞれ端に寄せて考える。

テストに出る！

章末予想問題

3章 2次方程式

⏱ 30分

/100点

1 1，2，3，4，5のうち，次の2次方程式の解であるものを答えなさい。 3点×2〔6点〕

(1) $x^2-6x+5=0$

(2) $x^2-7x+12=0$

2 次の方程式を解きなさい。 4点×6〔24点〕

(1) $(3x-2)(x+4)=0$

(2) $3x^2+5x=0$

(3) $x^2-11x-42=0$

(4) $x^2+6x-16=0$

(5) $x^2-14x+49=0$

(6) $-2x^2+14x+60=0$

3 次の方程式を解きなさい。 4点×6〔24点〕

(1) $5x^2-80=0$

(2) $3(x+1)^2-60=0$

(3) $x^2+6x-4=0$

(4) $x^2-9x+3=0$

(5) $3x^2-2x-2=0$

(6) $5x^2-7x+2=0$

4 次の方程式を解きなさい。 4点×2〔8点〕

(1) $(x+4)(x-5)=2(3x-1)$

(2) $(y+3)^2=4(y+3)$

5 次の問いに答えなさい。 4点×3〔12点〕

(1) 2次方程式 $x^2+ax-24=0$ の1つの解が4であるとき，a の値を求めなさい。また，ほかの解を求めなさい。

(2) 2次方程式 $x^2+x-20=0$ の小さいほうの解が2次方程式 $x^2+ax+10=0$ の解の1つになっています。このとき，a の値を求めなさい。

6 連続する3つの自然数があります。そのうちの最も小さい数を2乗すると，残りの2数の和に等しくなりました。それらの自然数を求めなさい。 〔6点〕

7 縦が5m，横が12mの長方形の土地に，右の図のように，幅が等しく，垂直な道をつけて，残りを花だんにしたら，2つの花だんの面積の和が長方形の土地の面積の$\frac{3}{5}$になりました。道の幅を求めなさい。 〔8点〕

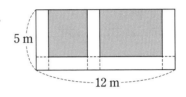

8 差がつく 右の図で，点Pは $y=x+6$ のグラフ上の点で，点Aは $PO=PA$ となる x 軸上の点です。点Pの x 座標を a として，次のものを求めなさい。ただし，$a>0$ とし，座標の1めもりは1cmとします。 6点×2〔12点〕

(1) 点Pの y 座標

(2) △POAの面積が $40\ cm^2$ のときの点Pの座標

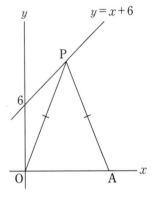

1	(1)	(2)	
2	(1)	(2)	(3)
	(4)	(5)	(6)
3	(1)	(2)	(3)
	(4)	(5)	(6)
4	(1)	(2)	
5	(1) $a=$	ほかの解	(2) $a=$
6			
7			
8	(1)	(2)	

4章 関数

1節 関数 $y=ax^2$

📖 さらっとまとめ （赤シートを使って，□に入るものを考えよう。）

1 関数 $y=ax^2$ 📕 p.104〜p.105

・y が x の関数で，$y=ax^2$ $(a \neq 0)$ と表されるとき，y は ｜x の 2 乗に比例する｜ という。

2 関数 $y=ax^2$ のグラフ 📕 p.106〜p.112

・｜放物線｜といわれる曲線で，対称軸は ｜y 軸｜，軸と放物線との交点は ｜頂点｜ という。

・$a>0$ のとき，｜上｜ に開き，$a<0$ のとき，｜下｜ に開く。

・a の絶対値が大きくなるほど，グラフの開き方は ｜小さくなる｜。

3 関数 $y=ax^2$ の値の変化と変域 📕 p.114〜p.115

・$a>0$ の場合　x の値が増加するとき　$x<0$ の範囲では，y の値は ｜減少｜ する。

　　　　　　　　　　　　　　　　　　$x>0$ の範囲では，y の値は ｜増加｜ する。

　　　　　　$x=0$ のとき，y は ｜最小値｜ 0 をとる。

・$a<0$ の場合　x の値が増加するとき　$x<0$ の範囲では，y の値は ｜増加｜ する。

　　　　　　　　　　　　　　　　　　$x>0$ の範囲では，y の値は ｜減少｜ する。

　　　　　　$x=0$ のとき，y は ｜最大値｜ 0 をとる。

4 関数 $y=ax^2$ の変化の割合 📕 p.116〜p.117

・（変化の割合）$=\dfrac{（y \text{ の増加量}）}{（x \text{ の増加量}）}$　・関数 $y=ax^2$ では，変化の割合は ｜一定｜ ではない。

✓ スピード確認 （□に入るものを答えよう。答えは，下にあります。）

1 □ x と y の関係が $y=ax^2$ で表され，$x=3$ のとき，$y=-18$ である。このとき，y を x の式で表すと，$y=$ ①

右の関数 $y=ax^2$ のグラフ⑦〜⑨のうち，

2 □ $a>0$ のものは ② と ③

□ a の絶対値が等しいものは ④ と ⑤

□ a が最大のものは ⑥，最小のものは ⑦

3 □ 関数 $y=2x^2$ で，x の変域が $-2 \leqq x \leqq 1$ のとき，y の変域は ⑧ となる。

4 □ 関数 $y=4x^2$ で，x の値が 1 から 3 まで増加するときの変化の割合は ⑨

① _____
② _____
③ _____
④ _____
⑤ _____
⑥ _____
⑦ _____
⑧ _____
⑨ _____

答 ① $-2x^2$ ②⑦ ③⑨ ④⑨ ⑤⑨ ⑥⑦ ⑦⑨ ⑧ $0 \leqq y \leqq 8$ ⑨16

基礎力UP テスト対策問題

1 関数 $y=ax^2$ 次の(1)，(2)の場合について，y を x の式で表しなさい。また，x と y の関係が $y=ax^2$ で表されるものには〇，そうでないものには×をつけなさい。

(1) 底辺が x cm，高さが 6 cm の三角形の面積を y cm² とする。

(2) 長さ x cm の針金を折り曲げて作る正方形の面積を y cm² とする。

(2) 正方形の 1 辺の長さは $\dfrac{x}{4}$ cm になるよ！

2 関数 $y=ax^2$ x と y の関係が $y=ax^2$ で表され，$x=4$ のとき $y=32$ です。次の問いに答えなさい。

(1) y を x の式で表しなさい。

(2) $x=2$ のときの y の値を求めなさい。

(3) $x=-3$ のときの y の値を求めなさい。

2 (1) $y=ax^2$ に $x=4$，$y=32$ を代入して a の値を求める。

(2)(3) 求めた式に x の値を代入して y の値を求める。

3 関数 $y=ax^2$ のグラフ $y=\dfrac{1}{3}x^2$ と $y=-\dfrac{1}{3}x^2$ のグラフを，右の図にかき入れなさい。

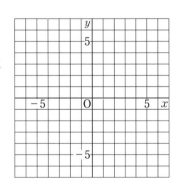

ポイント

■$y=ax^2$ のグラフは原点を頂点，y 軸を対称軸とする放物線になる。また，a の絶対値が等しく符号が異なる 2 つのグラフは，x 軸について対称になる。

4 関数 $y=ax^2$ の変域 関数 $y=3x^2$ について，x の変域が次のときの y の変域を求めなさい。

(1) $-3 \leqq x \leqq -1$ (2) $-2 \leqq x \leqq 3$

4 先にグラフをかいて，y の値の最大値と最小値を考える。

5 関数 $y=ax^2$ の変化の割合 関数 $y=3x^2$ について，x の値が次のように増加するときの変化の割合を求めなさい。

(1) 2 から 5 まで   (2) -6 から -3 まで

絶対に覚える！

■（変化の割合）
$=\dfrac{(y \text{の増加量})}{(x \text{の増加量})}$

4章 関数
1節 関数 $y=ax^2$

⏱20分

/13問中

1 関数 $y=ax^2$　底面が半径 x cm の円で，高さが 10 cm の円柱の体積を y cm³ とします。

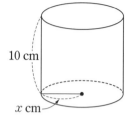

10 cm

x cm

(1)　y を x の式で表しなさい。

(2)　底面の半径が 5 cm のとき，体積を求めなさい。

(3)　体積が 640π cm³ のとき，底面の半径を求めなさい。

2 よく出る　関数 $y=ax^2$ の変域　関数 $y=-3x^2$ について，x の変域が次のときの y の変域を求めなさい。

(1)　$1\leqq x\leqq 4$

(2)　$-2\leqq x\leqq 3$

3 関数 $y=ax^2$ の変化の割合　関数 $y=\dfrac{1}{4}x^2$ について，x の値が次のように増加するときの変化の割合を求めなさい。

(1)　2 から 6 まで

(2)　-8 から -4 まで

4 よく出る　関数 $y=ax^2$ の式の求め方　x と y の関係が $y=ax^2$ で表され，$x=-2$ のとき，$y=-16$ です。次の問いに答えなさい。

(1)　y を x の式で表しなさい。

(2)　$x=3$ のときの y の値を求めなさい。

(3)　$y=-64$ のときの x の値を求めなさい。

5 関数 $y=ax^2$ のグラフ　右の図の(1)〜(3)は，下の⑦〜⑦の関数のグラフを示したものです。(1)〜(3)はそれぞれどの関数のグラフか記号で答えなさい。

⑦　$y=2x^2$　　④　$y=-x^2$　　⑦　$y=-\dfrac{1}{2}x^2$

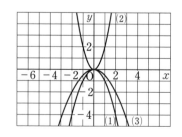

1 (3)は x の変域に注意して，問題の答えを決める。
2 $x=0$ が変域にふくまれているとき，y の最大値，最小値に注意する。

2節 関数の利用

テストに出る！　教科書の **ココ** が **要点**

📖 **さらっとまとめ**（赤シートを使って，□に入るものを考えよう。）

1 停止距離を求める　📕 p.124〜p.125

（停止距離）＝（空走距離）＋（制動距離）

空走距離は，自動車の速さに｜比例｜し，制動距離は自動車の速さの｜2乗に比例｜する。

2 身のまわりや図形のなかに現れる関数　$y = ax^2$　📕 p.126〜p.127

・身のまわりにある問題を，関数 $y = ax^2$ を利用して解決する。

・図形上の点を移動させるときに現れる関数について調べる。

3 いろいろな関数　📕 p.128〜p.129

・身のまわりにあるいろいろな関数について調べる。

☑ **スピード確認**（□に入るものを答えよう。答えは，下にあります。）

時速 x km で走っている自動車の制動距離を y m とすると，x と y の関係は $y = ax^2$ の式で表され，自動車Aは時速 50 km の速さで走っているとき，制動距離は 10 m です。

1
□ y を x の式で表すと ①

□ 自動車Aが時速 100 km で走っているときの制動距離は ② m

□ 自動車Aが時速 100 km で走っているときの空走距離を 26 m とすると，停止距離は ③ m

① _____
② _____
③ _____
④ _____
⑤ _____
⑥ _____

あるタクシー会社の距離と料金の関係は右の表のように決まっています。

3
□ 距離が 2700 m のときの料金は ④ 円

□ 距離が 3700 m のときの料金は ⑤ 円

□ 料金は距離の関数で ⑥ 。

距離	料金
2000 m まで	750 円
2280 m まで	840 円
2560 m まで	930 円
2840 m まで	1020 円
3120 m まで	1110 円
3400 m まで	1200 円
3680 m まで	1290 円
3960 m まで	1380 円

距離が決まると，料金もただ1つに決まるね！

基礎力UP テスト対策問題

1 停止距離　時速 x km で走っている自動車の制動距離を y m とすると，y は x の2乗に比例します。自動車Aが時速 40 km で走っているときの制動距離は 10 m です。

(1)　自動車Aの速さを時速 x km，制動距離を y m とするとき，x と y の関係を式で表しなさい。

(2)　自動車Aの速さを時速 x km，空走距離を y m とするとき，$y = \dfrac{1}{5}x$ で表されます。自動車Aが時速 80 km で走っているときの空走距離を求めなさい。

(3)　自動車Aが時速 80 km で走っているときの停止距離を求めなさい。

2 よく出る　図形のなかに現れる関数　右の図のような正方形 ABCD で，点Pは，A を出発して辺 AB 上をBまで動きます。また，点Qは点Pと同時にAを出発して正方形の周上をDを通ってCまで，Pの2倍の速さで動きます。AP の長さが x cm のときの △APQ の面積を y cm² とします。

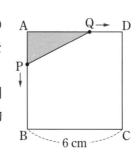

(1)　$0 \leqq x \leqq 3$ のとき，y を x の式で表し，y の変域を求めなさい。

(2)　$3 \leqq x \leqq 6$ のとき，y を x の式で表し，y の変域を求めなさい。

3 いろいろな関数　ある携帯電話の料金プランでは，通話時間によって，料金が下の表のように決まっています。通話時間を x 分，料金を y 円として，グラフを右の図にかき入れなさい。

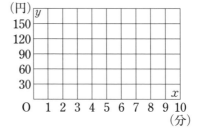

通話時間	料金
3分まで	90 円
6分まで	120 円
9分まで	150 円

テスト対策ナビ

1 (1)　$y = ax^2$ に $x=40$，$y=10$ を代入して a の値を求める。

(2)　$y = \dfrac{1}{5}x$ に $x=80$ を代入する。

(3)　(停止距離) = (空走距離) + (制動距離)

2 線分APを底辺としたときの △APQ の高さに注目する。

点Qが，辺AD上にあるときと，辺DC上にあるときで分けて考えるよ！

ミス注意！
グラフで，端の点をふくむ場合は・ふくまない場合は。を使って表す。

「3分まで」は，3分をふくむよ！

30

テストに出る！

予想問題

4章 関数
2節 関数の利用

⏱ 20分

／6問中

1 関数 $y=ax^2$ の利用　右の図のように，関数 $y=ax^2$ のグラフ
と直線 $y=3x$ が点Aで交わっています。点Aの x 座標は2です。

(1) 点Aの y 座標を求めなさい。

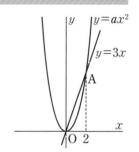

(2) a の値を求めなさい。

2 図形のなかに現れる関数　右の図1のように，直角二等辺三角
形 ABC と正方形 EFGH が直線 ℓ 上に並んでいます。正方形を
固定し，三角形を毎秒1cm ずつ右に辺 AB と辺 EF が重なるま
で移動させます。図2は移動を始めてから4秒後のようすを表し
ています。三角形が移動を始めてから x 秒後の，2つの図形が重な
った部分の面積を y cm² とします。次の問いに答えなさい。

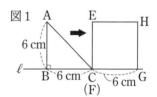

図1

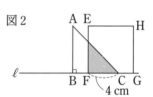

図2

(1) y を x の式で表しなさい。

(2) $y=9$ となる x の値を求めなさい。

3 いろいろな関数　ある鉄道では，距離によって料金が下の表のように決まっています。

距離	料金
3km まで	180円
5km まで	210円
7km まで	240円

(1) 距離を x km，料金を y
円として，グラフを右の図
にかき入れなさい。

(2) この鉄道で6.9km の区
間を進んだときの料金を求
めなさい。

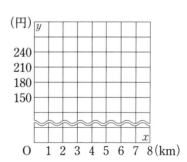

成績
U・P
ナビ

1 (2) $y=ax^2$ に点Aの座標を代入して求める。

2 2つの図形が重なってできる図形は，直角二等辺三角形になる。

テストに出る！

章末予想問題

4章 関数

① 30分

/100点

1 x と y の関係が $y=ax^2$ で表され，$x=3$ のとき $y=27$ です。　6点×3〔18点〕

(1) y を x の式で表しなさい。

(2) この関数について，x の値が -6 から -3 まで増加するときの変化の割合を求めなさい。

(3) x の変域が $-6 \leqq x \leqq 2$ のときの y の変域を求めなさい。

2 右の図の2つの曲線は，どちらも x と y の関係が $y=ax^2$ で表される関数のグラフです。　6点×4〔24点〕

(1) ①，②の関数のグラフの式をそれぞれ求めなさい。

(2) ①の関数のグラフは，2点 $(6, b)$，$(c, 27)$ を通ります。b，c の値を求めなさい。

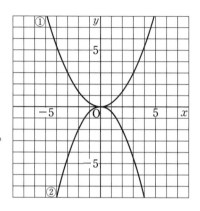

3 次の(1)，(2)にあてはまるものを，下のア〜エのなかから選びなさい。　6点×2〔12点〕

(1) $x>0$ のとき，x の値が増加すると対応する y の値も増加する。

(2) y の値が正の値をとらない。

ア $y=3x^2$ 　　　イ $y=3x$ 　　　ウ $y=-3x$ 　　　エ $y=-3x^2$

4 関数 $y=ax^2$ について，次のそれぞれの場合の a の値を求めなさい。　7点×2〔14点〕

(1) x の値が2から5まで増加するときの変化の割合が14である。

(2) x の変域が $-4 \leqq x \leqq 2$ のとき，y の変域が $0 \leqq y \leqq 8$ である。

5 周期（1往復するのにかかる時間）が x 秒の振り子の長さを y m とすると，x と y の間には，およそ $y = \dfrac{1}{4}x^2$ の関係があります。 8点×2〔16点〕

(1) 周期が2秒の振り子の長さを求めなさい。

(2) 長さが50 cm の振り子の周期を求めなさい。

6 関数 $y = \dfrac{1}{2}x^2$ のグラフと直線 ℓ が，2点 A，B で交わっています。A，B の x 座標はそれぞれ -2，4 です。

8点×2〔16点〕

(1) 直線 ℓ の式を求めなさい。

(2) △OAB の面積を求めなさい。

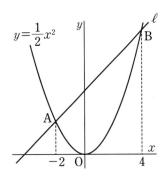

	(1)		(2)	
1	(3)			
2	(1)①		②	
	(2) $b =$	$c =$		
3	(1)		(2)	
4	(1) $a =$		(2) $a =$	
5	(1)		(2)	
6	(1)		(2)	

1	/18点	**2**	/24点	**3**	/12点	**4**	/14点	**5**	/16点	**6**	/16点

5章 相似と比

1節 相似な図形

テストに出る！ 教科書の ココ が 要点

さらっとまとめ（赤シートを使って，□に入るものを考えよう。）

1 相似な図形 教 p.138〜p.143

・ある図形を拡大または縮小した図形と合同な図形は，もとの図形と 相似 であるという。

・△ABC と △DEF が相似であることを，記号を使って，△ABC ∽ △DEF と表す。

・相似な図形では，対応する線分の 比 はすべて等しく，対応する 角 はそれぞれ等しい。

・相似な図形の対応する線分の比を，それらの図形の 相似比 という。

・相似な図形の対応する2点を通る直線がすべて1点Oで交わり，Oから対応する点までの距離の比がすべて等しいとき，それらの図形は 相似の位置 にあるといい，Oを 相似の中心 という。

2 三角形の相似条件 教 p.144〜p.149

・ 3組の辺の比 がすべて等しい。 ・ 2組の辺の比 が等しく， その間の角 が等しい。

・ 2組の角 がそれぞれ等しい。

スピード確認（□に入るものを答えよう。答えは，下にあります。）

1

□ 図1で，△ABC と △PQR は相似である。このことを記号を使って，△ABC ① △PQR と表す。

□ このとき，△ABC と △PQR の相似比は ② : ③ ，∠Q= ④ °である。

図1

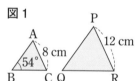

① ＿＿＿＿＿

② ＿＿＿＿＿

③ ＿＿＿＿＿

④ ＿＿＿＿＿

2

□ 図2で，$a:a'=b:$ ⑤ $=c:c'$ のとき，⑥ の比がすべて等しいので，△ABC∽△A′B′C′

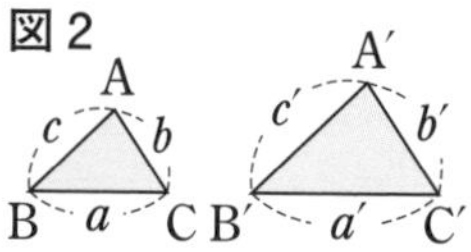

□ 図3で，$a:a'=c:c'$，∠B= ⑦ のとき，⑧ の比が等しく，その間の角が等しいので，△ABC∽△A′B′C′

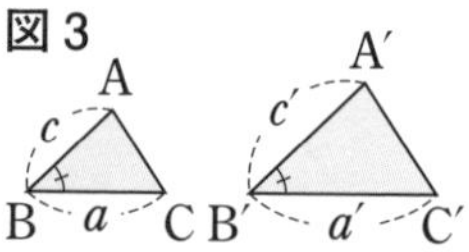

□ 図4で，∠B=∠B′，∠C= ⑨ のとき，⑩ がそれぞれ等しいので，△ABC∽△A′B′C′

図2

図3

図4

⑤ ＿＿＿＿＿

⑥ ＿＿＿＿＿

⑦ ＿＿＿＿＿

⑧ ＿＿＿＿＿

⑨ ＿＿＿＿＿

⑩ ＿＿＿＿＿

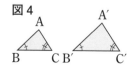

答 ①∽ ②2 ③3 ④54 ⑤b′ ⑥3組の辺 ⑦∠B′ ⑧2組の辺 ⑨∠C′ ⑩2組の角

基礎力UP テスト対策問題

1 相似な図形の性質と相似比　右の図において，四角形 ABCD∽四角形 EFGH であるとします。

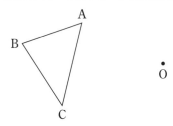

(1) 四角形 ABCD と四角形 EFGH の相似比を求めなさい。

(2) 辺 EF の長さを求めなさい。

(3) ∠C，∠F，∠H の大きさを求めなさい。

2 相似の位置　次の図の点Oを相似の中心として，△ABC と相似の位置にある △A′B′C′ をかきなさい。
ただし，△ABC と △A′B′C′ の相似比は 1：1 です。

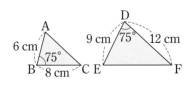

3 三角形の相似条件　右の図について，次の(1)，(2)に答えなさい。

(1) 2つの三角形が相似であることを記号∽を使って表しなさい。

(2) (1)で使った相似条件をいいなさい。

4 三角形の相似条件を使った証明　右の図の △ABC で，Dは辺 AB 上，Eは辺 AC 上の点で，∠ABC＝∠AED です。

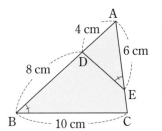

(1) △ABC∽△AED となることを証明しなさい。

(2) DE の長さを求めなさい。

ポイント

相似比は，対応する辺の比である。相似比は最も簡単な整数の比で表すこと。

思い出そう！

$a:b=c:d$ ならば，
$ad=bc$

相似比が 1：1 の図形は，合同な図形だよ。

絶対に覚える！

■三角形の相似条件
1 3組の辺の比がすべて等しい。
2 2組の辺の比が等しく，その間の角が等しい。
3 2組の角がそれぞれ等しい。

ミス注意！

証明するときは，対応する頂点をまちがえないように気をつけよう！

テストに出る！

予想問題 ①

5章 相似と比
1節 相似な図形

🕐 20分

／12問中

1 図形の拡大・縮小　次のような四角形を，下の図にかき入れなさい。

(1) 点Oを相似の中心として，四角形 ABCD を 2 倍に拡大した四角形 EFGH

(2) 点Oを相似の中心として，四角形 ABCD を $\frac{1}{2}$ に縮小した四角形 IJKL

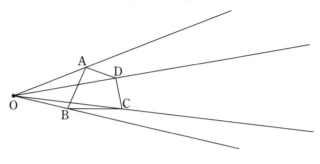

2 🔎 よく出る　相似な図形の性質と相似比　右の図において，△ABC∽△DEF であるとき，次の(1)〜(4)に答えなさい。

(1) △ABC と △DEF の相似比を求めなさい。

(2) 辺 AC の長さを求めなさい。

(3) 辺 DE の長さを求めなさい。

(4) ∠D の大きさを求めなさい。

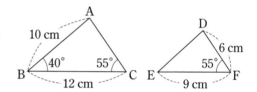

3 三角形の相似条件　次の図のなかから，相似な三角形の組を選び，そのときに使った相似条件をいいなさい。

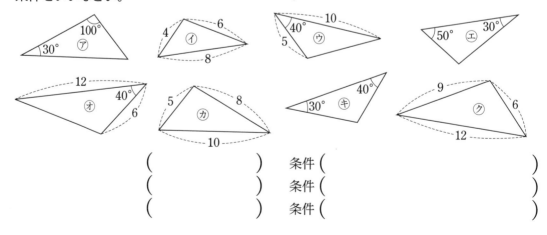

(　　　) 条件 (　　　　　)
(　　　) 条件 (　　　　　)
(　　　) 条件 (　　　　　)

1 (1) 例えば点Aに対応する点Eは，OE＝2OA となる点である。
3 2つの角度がわかっているとき，残りの角度も求めておく。

テストに出る！

予想問題 ②

5章 相似と比
1節 相似な図形

⏱20分

／9問中

1 三角形の相似条件　次のそれぞれの図で，相似な三角形を記号∽を使って表しなさい。また，そのときに使った相似条件をいいなさい。

(1)
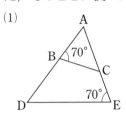

(2)
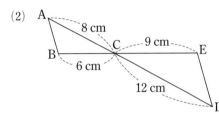

（　　　　　　　　　）　　（　　　　　　　　　）

条件（　　　　　　　　　）　　条件（　　　　　　　　　）

2 ♀よく出る　三角形の相似条件を使った証明　∠C＝90°である直角三角形 ABC で，点Cから辺 AB に垂線 CD をひきます。

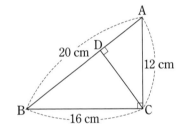

(1)　△ABC∽△CBD となることを証明しなさい。

(2)　CD の長さを求めなさい。

3 三角形の相似条件を使った証明　右の図の △ABC で，Dは辺 AC 上，Eは辺 AB 上の点で，∠BDC＝∠BEC，AE＝BE です。

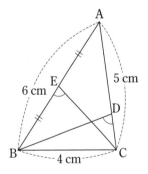

(1)　△ABD∽△ACE となることを証明しなさい。

(2)　AD の長さを求めなさい。

4 三角形の相似条件を使った証明　右の図の △ABC で，∠ABC＝2∠BCA で，∠ABC の二等分線が辺 AC と交わる点をDとします。このとき，△ABC∽△ADB であることを証明しなさい。

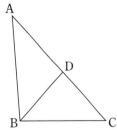

3 (1)　∠BDC＝∠BEC より，∠ADB＝∠AEC となる。

2～**4** 三角形の相似を証明する場合，相似条件に「2組の角がそれぞれ等しい。」が使われることが多い。

37

2節 図形と比

テストに出る! **教科書の ココ が 要点**

📕 さらっとまとめ （赤シートを使って，□に入るものを考えよう。）

1 三角形と比，三角形と比の定理の逆　📖 p.150～p.153

・右の図で，DE∥BC ならば，

AD：AB＝ AE ：AC＝ DE ：BC

AD：DB＝AE： EC

・逆に，AD：AB＝AE：AC または AD：DB＝AE：EC ならば，DE∥ BC

2 平行線と線分の比　📖 p.154～p.155

・右の図で，直線 ℓ，m，n が平行であるとき，

$a:b=$ a' ：b'

3 中点連結定理，三角形の角の二等分線と比　📖 p.156～p.159

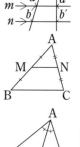

・△ABC の2辺 AB，AC の中点をそれぞれ M，N とすると，

MN ∥ BC，MN ＝ $\frac{1}{2}$BC

・△ABC で，∠A の二等分線と辺 BC との交点を D とすると，

AB：AC＝BD： CD

✅ スピード確認 （□に入るものを答えよう。答えは，下にあります。）

図1

□ 図1で，5：15＝x： ① より，

x＝ ②

□ 図1で，5： ③ ＝y：18 より，

y＝ ④

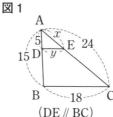

（DE∥BC）

□ 図2で，直線 ℓ，m，n が平行であるとき，

10： ⑤ ＝x：4 より，x＝ ⑥

図2

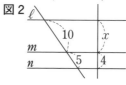

□ 図3で，点 M，N がそれぞれ辺 AB，AC の中点であるとき， ⑦ 定理より，

MN ⑧ BC，MN＝$\frac{1}{2}$BC＝ ⑨

図3

① _____
② _____
③ _____
④ _____
⑤ _____
⑥ _____
⑦ _____
⑧ _____
⑨ _____

答　①24　②8　③15　④6　⑤5　⑥8　⑦中点連結　⑧∥　⑨7

基礎力UP テスト対策問題

1 三角形と比　次の図で，DE∥BC のとき，x，y の値を求めなさい。

(1)

(2)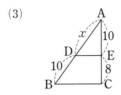

(3)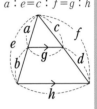

2 三角形と比の定理の逆　右の図で，線分 DE，EF，FD のうち，△ABC の辺に平行なものはどれですか。

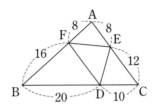

3 平行線と線分の比　次の図で，直線 ℓ，m，n が平行であるとき，x の値を求めなさい。

(1)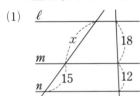

(2)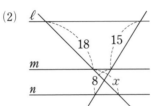

4 中点連結定理　右の図で，点 M，N はそれぞれ辺 AB，AC の中点です。x，y の値を求めなさい。

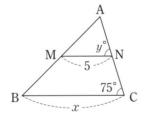

5 三角形の角の二等分線と比　右の図の △ABC で，AD は ∠BAC の二等分線です。x の値を求めなさい。

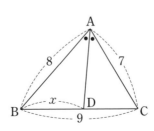

テスト対策ナビ

思い出そう！

$a:b=c:d$ ならば，
$ad=bc$

絶対に覚える！

■三角形と比
$a:b=c:d$
$a:e=c:f=g:h$

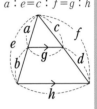

絶対に覚える！

■平行線と線分の比
$a:b=a':b'$

絶対に覚える！

■中点連結定理
MN∥BC，MN$=\dfrac{1}{2}$BC

絶対に覚える！

■三角形の角の二等分線と比
AB：AC＝BD：CD

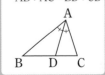

テストに出る！
予想問題

5章 相似と比
2節 図形と比

🕐20分

/15問中

1 🔎よく出る　三角形と比　次の図で，DE∥BC のとき，x，y の値を求めなさい。

(1)
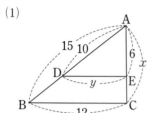

(2)
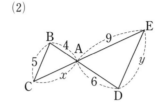

(3)
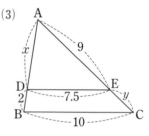

2 平行線と線分の比　次の図で，直線 l，m，n が平行であるとき，x の値を求めなさい。

(1)
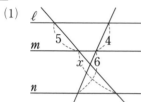

(2)
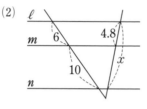

(3)
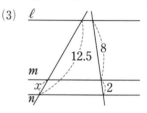

3 平行線と線分の比　右の図で，AB，EF，DC は平行です。

(1)　BE：ED を求めなさい。

(2)　EF の長さを求めなさい。

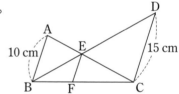

4 中点連結定理　右の図で，AD∥BC であり，E，F はそれぞれ
AB，DB の中点，点Gは直線 EF と DC の交点です。

(1)　EF の長さを求めなさい。

(2)　EG の長さを求めなさい。

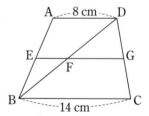

5 平行線と図形の面積　右の図のように，AD∥BC，
AD：BC＝2：3 の台形 ABCD があり，対角線の交点をOとする。

(1)　△ABD と △DBC の面積の比を求めなさい。

(2)　△AOD と △ABO の面積の比を求めなさい。

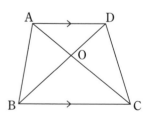

成績
UP
ナビ

3 (1)　△ABE∽△CDE より，BE：DE＝AB：CD
4 (2)　(1)より，FG∥BC であることに着目して，FG の長さを求める。

5章 相似と比

3節 相似な図形の面積と体積　4節 相似な図形の利用

テストに出る！ 教科書の ココが 要点

📖 さらっとまとめ （赤シートを使って，□に入るものを考えよう。）

1 相似な図形の面積 教 p.162〜p.163

・相似比が $m:n$ である2つの図形の面積の比は $\boxed{m^2}:\boxed{n^2}$ である。

2 相似な立体の表面積と体積 教 p.164〜p.166

・1つの立体を一定の割合で拡大または縮小した立体は，もとの立体と $\boxed{相似}$ であるという。

・相似な立体の対応する線分の比を，$\boxed{相似比}$ という。

・相似比が $m:n$ である2つの立体の表面積の比は，$\boxed{m^2}:\boxed{n^2}$ である。

・相似比が $m:n$ である2つの立体の体積の比は，$\boxed{m^3}:\boxed{n^3}$ である。

3 相似な図形の利用 教 p.167〜p.170

・直接には測ることが困難な2地点間の距離や高さを，相似な図形の性質を使って求めることができる。

✓ スピード確認 （□に入るものを答えよう。答えは，下にあります。）

1

□ 図1で，△ABC∽△PQR であり，相似比は，15：25＝ ① ： ② である。よって，△ABC と △PQR の周の長さの比は， ③ ： ④ である。

□ 図1で，△ABC と △PQR の面積の比は， ⑤ ： ⑥ である。

図1

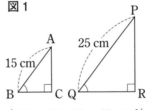

（∠B＝∠Q，∠C＝∠R＝90°）

2

□ 図2の2つの立方体PとQは相似であり，相似比は，8：10
＝ ⑦ ： ⑧ である。

□ 図2の2つの立方体PとQの表面積の比は， ⑨ ： ⑩ である。

□ 図2の2つの立方体PとQの体積の比は， ⑪ ： ⑫ である。

図2

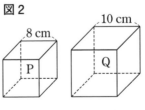

① _____
② _____
③ _____
④ _____
⑤ _____
⑥ _____
⑦ _____
⑧ _____
⑨ _____
⑩ _____
⑪ _____
⑫ _____

答 ①3 ②5 ③3 ④5 ⑤9 ⑥25 ⑦4 ⑧5 ⑨16 ⑩25 ⑪64 ⑫125

基礎力UP テスト対策問題

1 相似な図形の面積　右の図の2つの円
P，Q について，次のものを求めなさい。

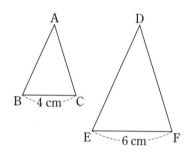

(1) 円Pと円Qの周の長さの比

(2) 円Pと円Qの面積の比

2 相似な図形の面積　右の図で，
△ABC∽△DEF です。

(1) △ABC の周の長さが 14 cm
のとき，△DEF の周の長さを
求めなさい。

A

D

B 4 cm C

E 6 cm F

(2) △DEF の面積が 27 cm² のとき，△ABC の面積を求めなさい。

3 相似な立体の表面積と体積　半径が 2 cm である球の表面積を S，
体積を V とし，半径が 5 cm である球の表面積を S'，体積を V' と
します。

(1) $S:S'$ を求めなさい。

(2) $V:V'$ を求めなさい。

4 相似な図形の利用　右の図
2 は，図1で示された3地点
A，B，C について，$\frac{1}{500}$ の
縮図をかいたものであり，縮
図における A'B' の長さは
7 cm です。実際の2地点A，
B 間の距離は何 m か求めなさい。

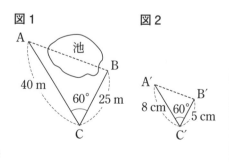

図1

池

A

40 m

60° 25 m

B

C

図2

A'

8 cm 60° 5 cm

B'

C'

5章 相似と比
3節 相似な図形の面積と体積　4節 相似な図形の利用

🕐20分

/7問中

1 🔍**よく出る**　**相似な図形の面積**　右の図において，四角形 ABCD∽四角形 EFGH です。

(1)　四角形 ABCD と四角形 EFGH の周の長さの比を求めなさい。

(2)　四角形 ABCD の面積が 75 cm² のとき，四角形 EFGH の面積を求めなさい。

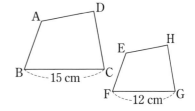

2　**相似な立体の表面積と体積**　右の図で，直方体 P と Q は相似です。

(1)　直方体 Q の表面積が 208 cm² のとき，直方体 P の表面積を求めなさい。

(2)　直方体 P の体積が 48 cm³ のとき，直方体 Q の体積を求めなさい。

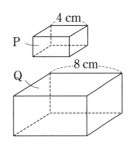

3　**相似な図形の利用**　木から 20 m 離れた地点 P から木の先端 A を見上げたら，水平の方向に対して 30° 上に見えました。目の高さを 1.5 m として，縮図をかいて木の高さを求めなさい。

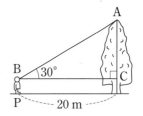

4　**相似な図形の利用**　右の図のような深さが 20 cm の円錐の形の容器に 320 cm³ の水を入れたら，水の深さは 16 cm になりました。

(1)　水の体積は容器の容積の何倍ですか。

(2)　この容器をいっぱいにするには，あと何 cm³ の水が必要ですか。

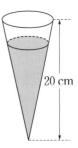

成績
UP
ナビ

2 直方体 P と Q の相似比は，4：8＝1：2

4 (2)　(1)より，水の体積の $\frac{125}{64}$ 倍が容器の容積である。

テストに出る！

章末予想問題　5章 相似と比

⏱30分

/100点

1 次の図で，x の値を求めなさい。

6点×3〔18点〕

(1)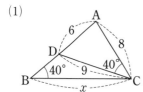

(2)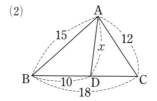

(3)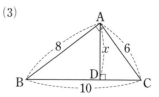

2 差がつく　右の図で，△ABC と △ADE は正三角形で，AB=10 cm，AD=9 cm です。また，辺 AC と DE の交点を F とします。BD<DC のとき，次の(1)，(2)に答えなさい。

10点×2〔20点〕

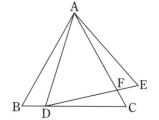

(1) △ABD∽△AEF となることを証明しなさい。

(2) CF の長さを求めなさい。

3 右の図の △ABC で，D，E は辺 AB を3等分した点，F は AC の中点です。また，G は半直線 BC と半直線 DF の交点です。DF=3 cm のとき，FG の長さを求めなさい。　〔10点〕

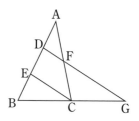

4 次の図で，AD，BC，EF が平行であるとき，x の値を求めなさい。

6点×2〔12点〕

(1)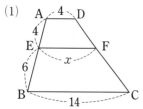

(2)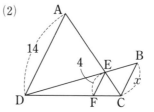

5 右の図の▱ABCD で，辺 AD の中点を P，AQ：QB=1：3 となる辺 AB 上の点を Q とします。また，半直線 DA と半直線 CQ の交点を R，BP と CR の交点を S とします。このとき，次の比を求めなさい。

7点×2〔14点〕

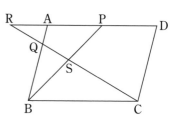

(1) RS：CS

(2) △RSP：△CSB

6 △ABC の ∠A の二等分線と辺 BC との交点を D，点 C を通り，AD に平行な直線と半直線 BA との交点を E とすると，AB：AC＝BD：CD となります。このことを証明しなさい。

〔10点〕

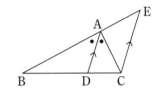

7 右の図で，点 M，N は三角錐 ABCD の辺 AB を 3 等分する点です。三角錐 ABCD を M，N を通り，底面 BCD に平行な平面で 3 つの立体 P，Q，R に分けます。　8点×2〔16点〕

(1) 立体 P と三角錐 ABCD の表面積の比を求めなさい。

(2) 立体 P，Q，R の体積の比を求めなさい。

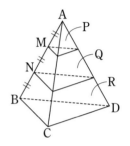

1	(1) $x=$	(2) $x=$	(3) $x=$

2	(1)

(2)

3		

4	(1) $x=$	(2) $x=$

5	(1)	(2)

6		

7	(1)	(2)

1	/18点	**2**	/20点	**3**	/10点	**4**	/12点	**5**	/14点	**6**	/10点	**7**	/16点

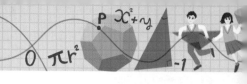

1節 円周角の定理

テストに出る！ **教科書の ココが要点**

さらっとまとめ （赤シートを使って，□に入るものを考えよう。）

1 円周角の定理 教 p.178～p.181

・1つの弧に対する円周角の大きさは，その弧に対する中心角の大きさ
の 半分 である。∠APB＝$\frac{1}{2}$∠AOB

・1つの弧に対する円周角の大きさは， 等しい 。∠APB＝∠AP′B

・半円の弧に対する円周角は 直角 である。（図2）

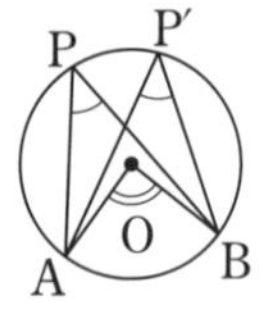

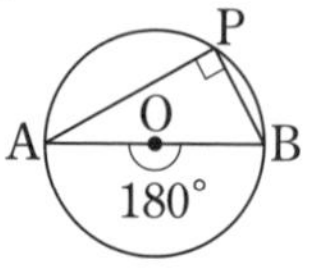

2 弧と円周角 教 p.182～p.183

・円周角の大きさが等しいならば，それに対する 弧 の長さは等しい。

・弧の長さが等しいならば，それに対する 円周角 の大きさは等しい。

3 円周角の定理の逆 教 p.184～p.185

・右の**図3**のように，2点P，Qが直線 AB の同じ側にあって，
∠APB＝∠AQB ならば，4点 A，B，P，Qは，1つの 円周
上にある。

図1

図2

図3

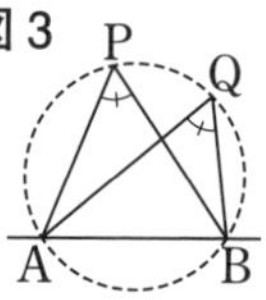

✓ スピード確認 （□に入るものを答えよう。答えは，下にあります。）

□ **図1**で，∠AP′B＝①°，
∠AOB＝②°

図1

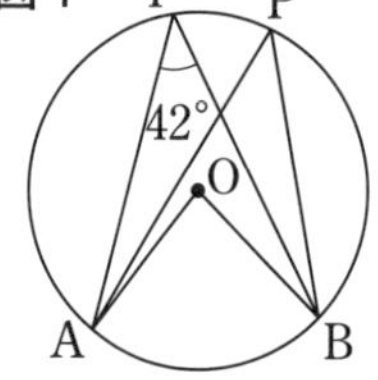

□ **図2**で，∠APB＝③°，
∠PBA＝180°－（④°＋55°）
＝⑤°

図2

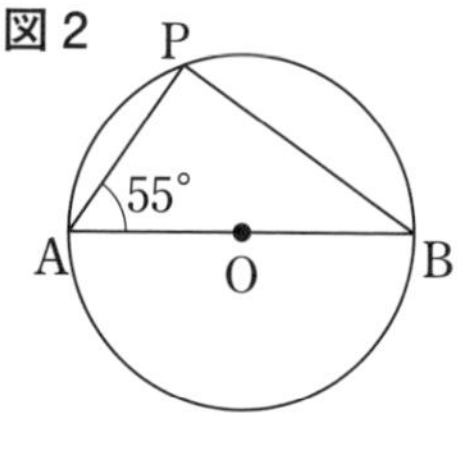

① _____
② _____
③ _____
④ _____
⑤ _____
⑥ _____
⑦ _____
⑧ _____

□ **図3**で，$\overgroup{AB}＝\overgroup{CD}$ ならば
∠CQD＝⑥°

図3

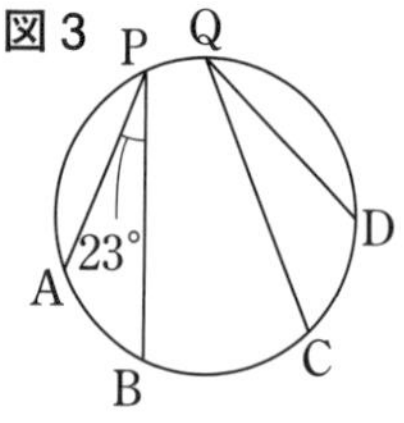

□ **図4**で，∠APB＝⑦＝60°
より，4点 A，B，P，Q
は ⑧ の円周上にある。

図4

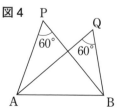

基礎力UP テスト対策問題

1 円周角の定理　次の図で，x の値を求めなさい。

(1)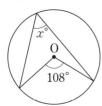

(2)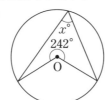

(3)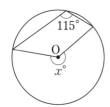

(4)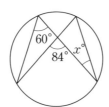

■円周角の定理
① 円周角の大きさは中心角の大きさの半分である。
② 1つの弧に対する円周角の大きさは等しい。

2 円周角の定理　次の図で，x の値を求めなさい。

(1)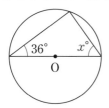

(2)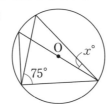

ポイント

■直径と円周角

90° ⇕ 直径

3 弧と円周角　次の図で，x の値を求めなさい。

(1)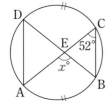

(2)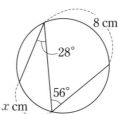

思い出そう！

角度を求める問題では，中学2年で学んだ三角形の性質を使う場合が多い。
・ 内角の和は180° である。
・ 外角はそれととなり合わない2つの内角の和に等しい。

4 円周角の定理の逆　次の⑦〜⑦のうち，4点 A，B，C，D が1つの円周上にあるものをすべて選び，記号で答えなさい。

⑦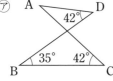

⑦

⑦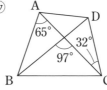

4 例えば，⑦では，∠BAC と ∠BDC の大きさが等しいかどうかを調べればよい。

テストに出る！
予想問題

6章 円
1節 円周角の定理

⏱20分

/12問中

1 🔍**よく出る** 円周角の定理　次の図で，x の値を求めなさい。

(1)
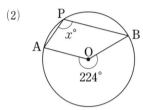

(2)
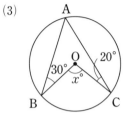

(3)
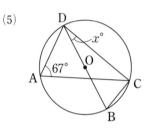

(4)
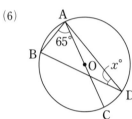

(5)
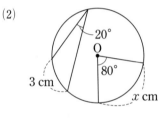

(6)
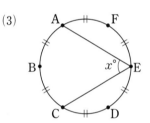

2 弧と円周角　次の図で，x の値を求めなさい。

(1)
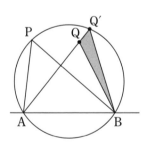

(2)

(3)

3 円周角の定理の逆　円周上に3点 A，B，P があります。
右の図のように，点Qが円の内部にあるとき，
$\angle AQB > \angle APB$ になることを右の図を利用して証明しなさい。

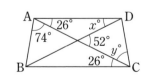

4 円周角の定理の逆　右の図について，次の(1)，(2)に答えなさい。

(1) x の値を求めなさい。

(2) y の値を求めなさい。

成績
UP↗
ナビ

1(6)　補助線 DC または BC をひいて考える。
2(3)　まず，$\overparen{AC}$ に対する中心角がどうなるかを考える。

2節 円の性質の利用

テストに出る！ **教科書のココが要点**

さらっとまとめ（赤シートを使って，□に入るものを考えよう。）

1 円の性質の利用 教 p.187〜p.190

・円周角の定理を利用して，円の直径や中心を求めることができる。

・円周角の定理やその逆を利用して，接線の作図ができる。

・円周角の定理を使って，2つの三角形が相似であることを証明できる。

2 他の円の性質 教 p.194〜p.195

・円に内接する四角形の性質

　1　∠A＋∠C＝ 180°

　　　∠B＋∠D＝ 180°

　2　∠DCE＝ ∠A

・円と接線の性質

　∠TAB＝ ∠P

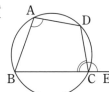

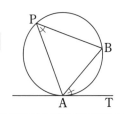

スピード確認（□に入るものを答えよう。答えは，下にあります。）

□ 図1で，AB は円の ① になる。　図1

□ 図2で，AP＝ ②　∠APO＝ ③ ＝90°

　このことから，2点 P，P′ は線分 ④ を 図2

　直径とする円の周上にあることがわかる。

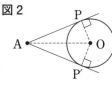

1 □ 図3で，$\overset{\frown}{AC}$ に対する円周角は等しいから，

　　　　∠ADP＝ ⑤ ……⑦

　$\overset{\frown}{BD}$ に対する円周角は等しいから，

　　　　∠DAP＝ ⑥ ……⑦

　⑦，⑦より， ⑦ がそれぞれ等しいので，

　△APD∽△CPB となる。

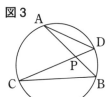

□ 次の図で，x の値を求めなさい。

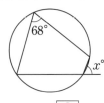

$x＝$ ⑧　　　　　$x＝$ ⑨　　　　（ℓ は円の接線）

　　　　　　　　　　　　　　　　　$x＝$ ⑩

①
②
③
④
⑤
⑥
⑦
⑧
⑨
⑩

基礎力UP テスト対策問題

1 **円の性質の利用** 右の図において，次の
ものを三角定規を使ってかきなさい。

(1) 円の直径

(2) 円の中心O

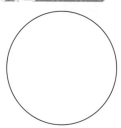

2 **円の接線の作図** 右の図に
おいて，次のものを作図しな
さい。

(1) 線分 AO の垂直二等分線
と線分 AO との交点 O′

(2) 点 O′ を中心とし，AO′ を半径とする円 O′

(3) 点Aから円Oにひいた接線

A•   •O

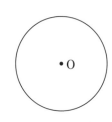

3 **円と相似** 右の図のように，2つの弦 AB，
CD の交点をPとします。このとき
△ACP∽△DBP となることを証明しなさい。

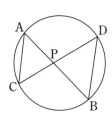

発展 **4** **他の円の性質の利用** 次の図で，x の値を求めなさい。

(1)
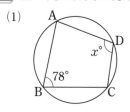

(2)
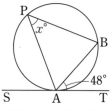
（直線 ST は円の接線）

テスト対策 ナビ

1 (1) 三角定規を直
角が円周上にくるよ
うに置き，三角定規
と円との2つの交点
を直線で結ぶ。

(2) もう一度，位置を
変えて三角定規を置
く。2つの直径の交
点が円の中心になる。

思い出そう！
垂直二等分線の作図

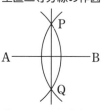

① A，B を中心と
し，等しい半径の
円をそれぞれかく。
② ①でかいた2つ
の円の交点を P，
Q とし，直線 PQ
をひく。

ポイント

円が関係する相似の
証明では，「2 組の
角がそれぞれ等し
い」が使われる場合
が圧倒的に多い。

4 (1) 円に内接する
四角形の対角の和は
180°

(2) 円の接線と，接点
を通る弦とがつくる
角は，その角内にあ
る弧に対する円周角
に等しい。

6章 円
2節 円の性質の利用

🕐20分

/10問中

1 円周角の定理を利用した作図　右の図で，次のものを作図しなさい。

(1) 3点 A，B，C を通る円

(2) 円周上にあって，∠ABP＝90° となる点P

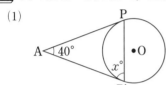

2 円の接線　次の図で，直線 AP，AP′ はともに円Oの接線です。x の値を求めなさい。

(1)

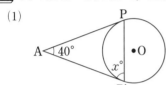

(2)

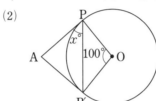

(3)

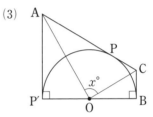

3 🔍よく出る　円と相似　右の図について，次の(1)〜(3)に答えなさい。

(1) △PAD∽△PCB となることを証明しなさい。

(2) PA：PD＝PC：PB という関係が成り立つことを証明しなさい。

(3) PA＝6 cm，PB＝18 cm，PC＝4 cm のとき，CD の長さを求めなさい。

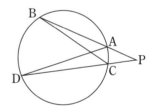

発展 4 他の円の性質の利用　次の図で，x の値を求めなさい。

(1)

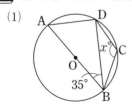

(2)

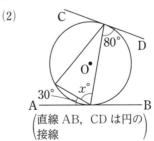

（直線 AB，CD は円の接線）

成績
アップ
ナビ
2 (3) OとPを結び，△AP′O≡△APO，△CBO≡△CPO となることに着目する。

3 (3) (2)の結果を使って比例式をつくり，PD の長さを求める。

テストに出る!
章末予想問題

6章 円

⏱ 30分

/100点

---

1 次の図で，x の値を求めなさい。 5点×6〔30点〕

(1)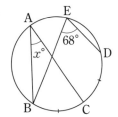

(2)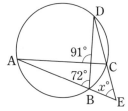

(3)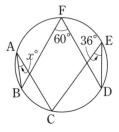

(4)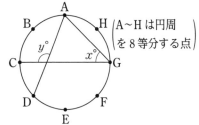

(5)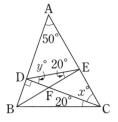

(6)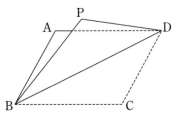

---

2 次の図で，x，y の値を求めなさい。 5点×4〔20点〕

(1)

A〜Hは円周
を8等分する点

(2)

---

3 右の図の □ABCD を，対角線 BD を折り目として折り，
点Cが移った点をPとします。
　このとき，∠ABP＝∠ADP となります。このことを円周
角の定理を使って証明しなさい。 〔9点〕

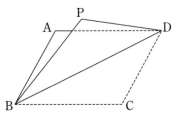

---

4 右の三角形 ABC は正三角形です。
直線 XY 上にあって，∠BPC＝30° となる点Pを
作図しなさい。 〔10点〕

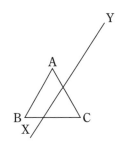

満点ゲット作戦

円周角の定理や等しい弧，直径に対する円周角に注目しよう。
三角形の相似の証明問題では，等しい2組の角に着目しよう。

ココが**要点**を再確認　もう一歩　合格

0　　　　　　70　85　100点

5 次の図で，x の値を求めなさい。　　　　　　5点×3〔15点〕

(1)

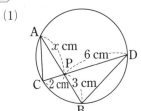

(2)

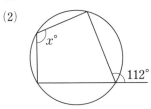

(3)

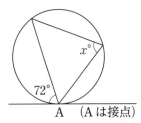

6 **差がつく**　右の図で，A，B，C，D は円の周上の点で，
AB＝AC です。AD と BC の延長の交点をE とします。

8点×2〔16点〕

(1)　△ADB∽△ABE となることを証明しなさい。

(2)　AD＝4 cm，AE＝9 cm のとき，AB の長さを求めなさ
い。

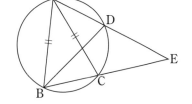

1	(1) $x=$		(2) $x=$		(3) $x=$
	(4) $x=$		(5) $x=$		(6) $x=$
2	(1) $x=$	$y=$		(2) $x=$	$y=$

3		**4**	
			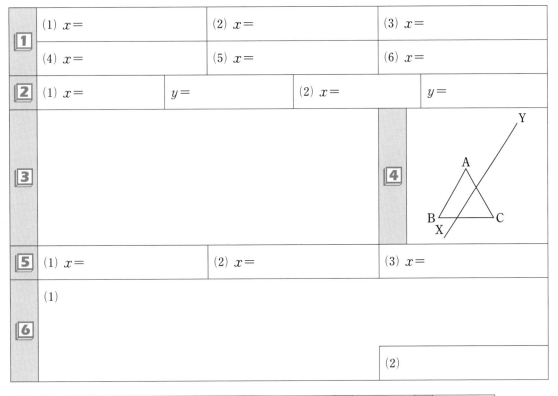

5	(1) $x=$	(2) $x=$	(3) $x=$

6	(1)
	(2)

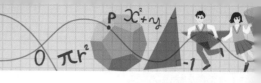

1節 三平方の定理

テストに出る！ **教科書の ココ が 要点**

📖 **さらっとまとめ** (赤シートを使って，□に入るものを考えよう。)

1 三平方の定理 教 p.198～p.201

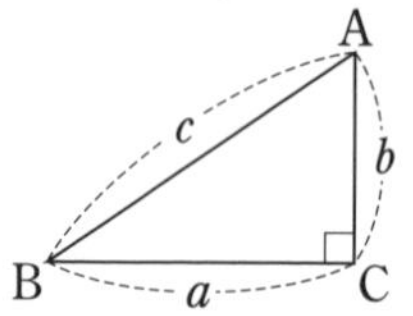

・直角三角形の直角をはさむ2辺の長さを a，b，斜辺の長さを c とすると，$a^2+b^2=\boxed{c^2}$ ……①

・上の①は，$BC^2+CA^2=\boxed{AB^2}$ のように書くこともある。

参考 三平方の定理を「ピタゴラスの定理」ともいう。

2 三平方の定理の逆 教 p.202～p.203

・3辺の長さが a，b，c の三角形で，$a^2+b^2=c^2$ ならば，その三角形は，長さ $\boxed{c}$ の辺を斜辺とする $\boxed{直角}$ 三角形である。

✓ **スピード確認** (□に入るものを答えよう。答えは，下にあります。)

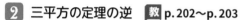

1
□ 図1の直角三角形で，三平方の定理を使うと，$3^2+2^2=x^2$

$x^2=\boxed{①}$

$x>0$ であるから，$x=\boxed{②}$

図1

① _____

② _____

③ _____

□ 図2の直角三角形で，三平方の定理を使うと，$x^2+5^2=11^2$

$x^2=\boxed{③}$

$x>0$ であるから，$x=\boxed{④}$

図2

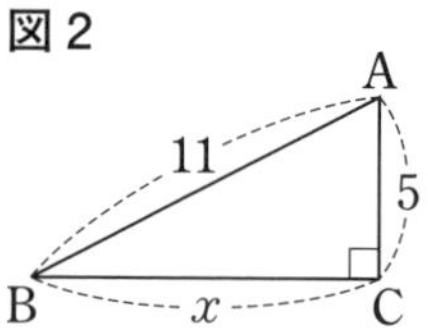

④ _____

⑤ _____

⑥ _____

□ 図3の直角三角形で，三平方の定理を使うと，$5^2+x^2=(\sqrt{35})^2$

$x^2=\boxed{⑤}$

$x>0$ であるから，$x=\boxed{⑥}$

図3

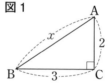

⑦ _____

⑧ _____

⑨ _____

⑩ _____

★三平方の定理を使うときは，どこが斜辺かを確認する。

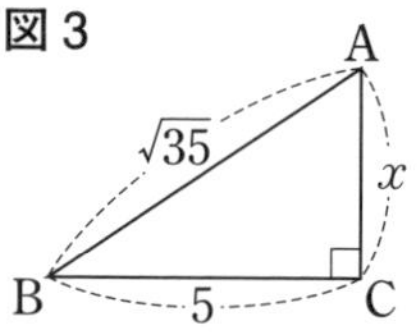

2
□ 図4の三角形で，$a=12$，$b=9$，$c=15$ ならば，$a^2+b^2=12^2+9^2=\boxed{⑦}$，$c^2=\boxed{⑧}$ より，$a^2+b^2=\boxed{⑨}$ が成り立つので，△ABC は $\boxed{⑩}$ 三角形である。

図4

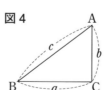

基礎力UP テスト対策問題

1 三平方の定理　次の図の直角三角形で，x の値を求めなさい。

(1)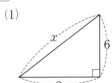

(2)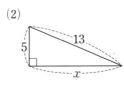

(3)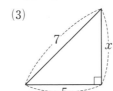

(4)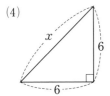

(5)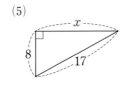

(6)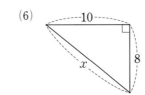

絶対に覚える!

■下の図の直角三角形において，
$$a^2 + b^2 = c^2$$

2 三平方の定理　右の図の三角形について，次の(1)，(2)に答えなさい。

(1)　AD の長さを求めなさい。

(2)　AB の長さを求めなさい。

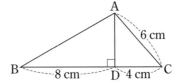

思い出そう!

三平方の定理の問題では $\sqrt{\ }$（ルート）を使った値が出てくる。
「$\sqrt{a^2 \times b} = a\sqrt{b}$」のような変形のしかたを思い出そう。
例えば，$\sqrt{12} = 2\sqrt{3}$ のように，$\sqrt{\ }$ の中をできるだけ小さい自然数にする。

3 三平方の定理の逆　3 辺の長さが，次のような三角形があります。この中から，直角三角形をすべて選び記号で答えなさい。

ア　4 cm，8 cm，9 cm　　　　イ　12 cm，16 cm，20 cm

ウ　$\sqrt{3}$ cm，$\sqrt{7}$ cm，$\sqrt{10}$ cm　エ　2.9 cm，2.1 cm，2 cm

オ　6 cm，$\sqrt{10}$ cm，$3\sqrt{3}$ cm　　カ　$3\sqrt{2}$ cm，$6\sqrt{2}$ cm，$3\sqrt{6}$ cm

絶対に覚える!

■三平方の定理の逆
下の図の三角形で，$a^2 + b^2 = c^2$ ならば，この三角形は，長さ c の辺を斜辺とする直角三角形である。

4 三平方の定理の逆　右の図の △ABC で，∠B＝90° であることを証明しなさい。

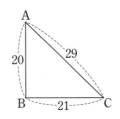

3 最も長い辺を，斜辺として調べる。

4 △ABC が辺 AC を斜辺とする直角三角形であることを示せばよい。

予想問題 テストに出る！

7章 三平方の定理
1節 三平方の定理

⏱20分

/10問中

1 三平方の定理の証明　∠C＝90° の直角三角形 ABC と合同な直角三角形を右の図のように並べると，外側に1辺が $a+b$ の正方形，内側に1辺が c の正方形ができます。このとき，$a^2+b^2=c^2$ が成り立つことを，次のように証明します。下の空らんをうめなさい。

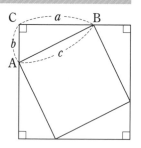

[証明]　AB を1辺とする内側の正方形の面積は，

　　(内側の正方形の面積)＝(外側の正方形の面積)−△ABC×4

　　＝①□−4×②□＝③□

　また，内側の正方形の1辺は c であるから，(内側の正方形の面積)＝④□

　したがって，$a^2+b^2=$④□

2 🔍よく出る　三平方の定理　右の図の △ABC について，次の(1)〜(3)に答えなさい。

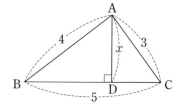

(1)　BD＝a，CD＝$5-a$ として，x^2 を a を使って2通りの式で表しなさい。

(2)　a の値を求めなさい。

(3)　x の値を求めなさい。

3 三平方の定理　3辺の長さが x cm，$(x+1)$ cm，$(x+2)$ cm で表される直角三角形があります。このとき，正の数 x の値を求めなさい。

4 三平方の定理の逆　右の図の四角形 ABCD について，次の(1)，(2)に答えなさい。

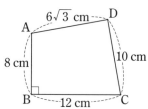

(1)　∠ADC＝90° であることを証明しなさい。

(2)　四角形 ABCD の面積を求めなさい。

成績UPナビ

2 (1)　△ABD，△ACD のそれぞれについて，三平方の定理を使う。

4 (1)　まず，対角線 AC をひき，△ABC で三平方の定理を使って AC² を求める。

7章 三平方の定理

2節 三平方の定理と図形の計量　3節 三平方の定理の利用

テストに出る！ 教科書の **ココ**が**要点**

📖 さらっとまとめ （赤シートを使って，□に入るものを考えよう。）

1 平面図形の計量　教 p.204〜p.206

・縦，横の長さがそれぞれ a，b である長方形の対角線
　の長さは $\boxed{\sqrt{a^2+b^2}}$

・1辺が a である正方形の対角線の長さは $\boxed{\sqrt{2}\,a}$

・図1の直角三角形で，BC：AC：BA=1：$\boxed{1}$：$\boxed{\sqrt{2}}$

・図2の直角三角形で，BC：BA：AC=1：$\boxed{2}$：$\boxed{\sqrt{3}}$

・円の弦や接線の問題では，**図3**の直角三角形に着目する。

図1

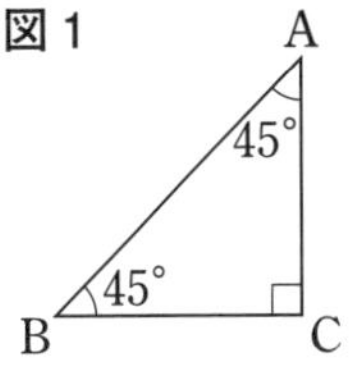

図2

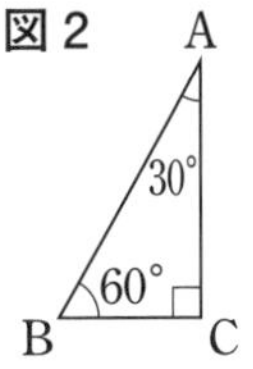

図3

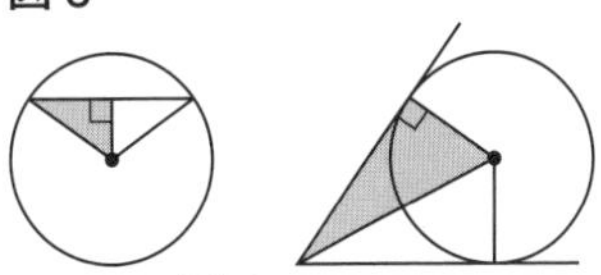

2 座標平面上の点と距離　教 p.207

・**図4**において，2点 A$(a,\ b)$，B$(c,\ d)$ の間の距離は，

$$\mathrm{AB}=\sqrt{(a-c)^2+(\boxed{b-d}\,)^2}$$

図4

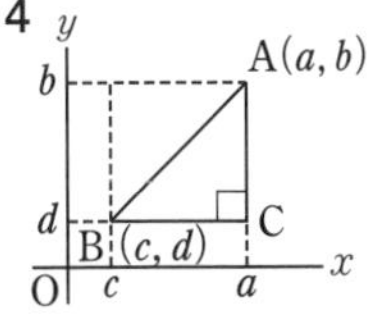

3 空間図形の計量　教 p.208〜p.209

・縦，横，高さがそれぞれ a，b，c の直方体の対角線の長さは $\boxed{\sqrt{a^2+b^2+c^2}}$

・1辺が a である立方体の対角線の長さは $\boxed{\sqrt{3}\,a}$

4 三平方の定理の利用　教 p.211〜p.213

・図形のなかに直角三角形を見いだして，三平方の定理を利用する。

✓ スピード確認 （□に入るものを答えよう。答えは，下にあります。）

1
- □ 縦 2 cm，横 5 cm の長方形の対角線の長さは $\boxed{①}$ cm

- □ 1辺が 2 cm である正三角形の
　面積は $\boxed{②}$ cm²

- □ 図1で，$x=\boxed{③}$，$y=\boxed{④}$

- □ 図2で，AH=$\boxed{⑤}$ cm より，AB=$\boxed{⑥}$ cm

図1

図2

2 □ 2点 $(1,\ -1)$，$(4,\ 4)$ の間の距離は $\boxed{⑦}$

3
- □ 縦 3 cm，横 6 cm，高さ 2 cm の直方体の対角線
　の長さは $\boxed{⑧}$ cm

- □ 1辺が 2 cm である立方体の対角線の長さは $\boxed{⑨}$ cm

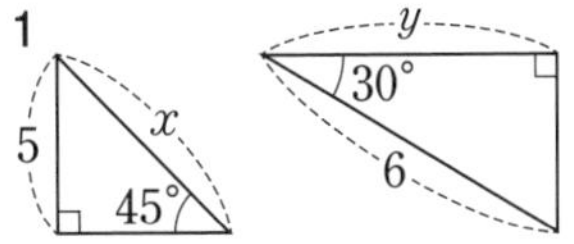

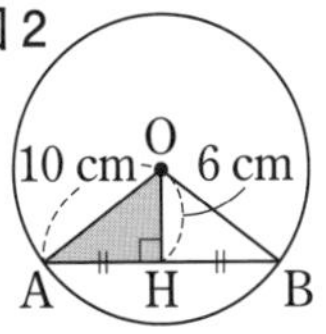

①
②
③
④
⑤
⑥
⑦
⑧
⑨

答  ①$\sqrt{29}$ ②$\sqrt{3}$ ③$5\sqrt{2}$ ④$3\sqrt{3}$ ⑤8 ⑥16 ⑦$\sqrt{34}$ ⑧7 ⑨$2\sqrt{3}$

基礎力UP テスト対策問題

1 平面図形の計量 次の(1), (2)を求めなさい。

(1) 縦が 4 cm, 横が 8 cm の長方形の対角線の長さ

(2) 底辺が 10 cm, 残りの 2 辺が 7 cm の二等辺三角形の面積

2 特別な三角形の辺の比 次の図で, x, y の値を求めなさい。

(1)

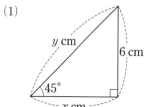

(2)

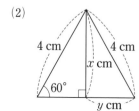

3 円と三平方の定理 次の図で, x の値を求めなさい。

(1)

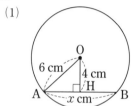

(2)

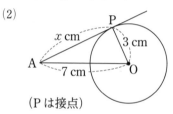

(P は接点)

4 2点間の距離 次の 2 点間の
距離を求めなさい。

(1) 右の図の 2 点 A, B

(2) 右の図の 2 点 B, C

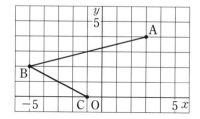

5 空間図形の計量 次の図の直方体や立方体の対角線 AG の長さを求めなさい。

(1)

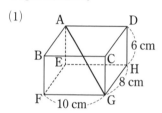

(2)

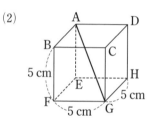

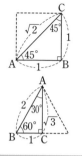

テストに出る！
予想問題

7章 三平方の定理
2節 三平方の定理と図形の計量　3節 三平方の定理の利用

🕐 20分

/10問中

1 🔍よく出る　平面図形の計量　次の図形の面積を求めなさい。

(1)　ひし形 ABCD

(2)　二等辺三角形 ABC

(3)　台形 ABCD

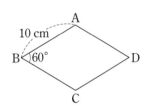

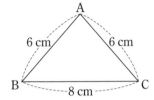

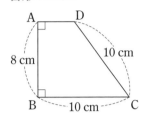

2 2点間の距離　次の2点間の距離を求めなさい。

(1)　$(2, 4)$, $(-1, -5)$

(2)　$(-3, 1)$, $(9, 6)$

3 空間図形の計量　右の図のような1辺が $2\sqrt{3}$ cm の立方体があり、点Mは辺 AB の中点です。

(1)　2点 C, E 間の距離を求めなさい。

(2)　2点 M, G 間の距離を求めなさい。

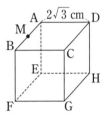

4 空間図形の計量　右の図の正四角錐について、次のものを求めなさい。

(1)　体積

(2)　表面積

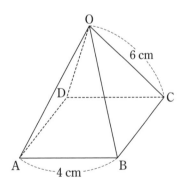

5 円と三平方の定理　右の図の円Oは、半径が9cmで、直線 AB は、円Oの接線です。h の長さが3cmのとき、AB の長さを求めなさい。

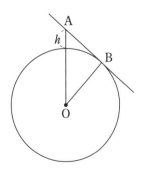

成績
U・P
ナビ

3 (2)　MG は、∠B＝90° の直角三角形 MBG の斜辺である。

4 (1)　まず、三平方の定理を使って、高さを求める。

テストに出る！

章末予想問題

7章 三平方の定理

⏱ 30分

/100点

1 次の図で，x の値を求めなさい。 6点×3〔18点〕

(1)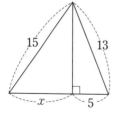

(2)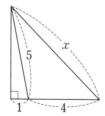

(3)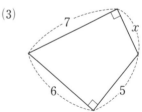

2 右の図の △ABC について，次のものを求めなさい。 6点×2〔12点〕

(1) 高さ AH

(2) 面積

3 右の図のように，3点 A(2，2)，B(−4，−2)，C(6，−4) を頂点とする △ABC があります。 6点×2〔12点〕

(1) 辺 BC の長さを求めなさい。

(2) △ABC はどんな三角形ですか。

4 右の台形 ABCD を，辺 AB を軸として1回転させてできる立体の体積を求めなさい。 〔8点〕

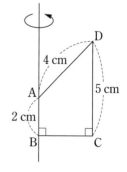

5 右の図の直方体について，次のものを求めなさい。 6点×3〔18点〕

(1) 線分 BH の長さ

(2) △AFC の面積

(3) 点Aから辺 BC を通って点Gまでひもをかけるとき，そのひもが最も短くなるときのひもの長さ

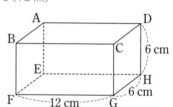

満点ゲット作戦

三平方の定理を使えるように，問題の図のなかや，立体の側面や断面にある直角三角形に注目しよう。

| ココが **要点** を再確認 | もう一歩 | 合格 |

0　　　　　　　70　　85　　100点

6 右の図のように，座標平面上の原点Oを通る円があります。この円は，原点Oのほかに，y 軸と点 A$(0,\ 2\sqrt{3}\,)$ で，x 軸と点Bで交わります。この円周上に ∠OPB＝30° になる点Pをとるとき，次のものを求めなさい。 　　　　8点×2〔16点〕

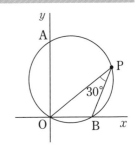

(1) AB の長さ

(2) この円の中心の座標

7 **差がつく** 右の図のように，縦が 6 cm，横が 9 cm の長方形の紙 ABCD を，対角線 BD を折り目として折ります。 　　　8点×2〔16点〕

(1) AF の長さを求めなさい。

(2) BF の長さを求めなさい。

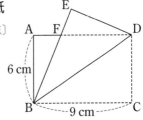

1	(1) $x=$	(2) $x=$	(3) $x=$
2	(1)	(2)	
3	(1)	(2)	
4			
5	(1)	(2)	(3)
6	(1)	(2)	
7	(1)	(2)	

| 1 | /18点 | 2 | /12点 | 3 | /12点 | 4 | /8点 | 5 | /18点 | 6 | /16点 | 7 | /16点 |

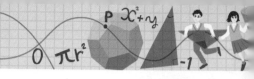

1節 標本調査　2節 標本調査の利用

テストに出る！　教科書の **ココ**が **要点**

さらっとまとめ （赤シートを使って，□に入るものを考えよう。）

1 標本調査 教 p.220〜p.227

・集団をつくっているもの全部について行う調査を 全数調査 という。これに対して，
集団の一部分について調べて，その結果からもとの集団の性質を推定する調査を
標本調査 という。

・標本調査の場合，調査の対象となるもとの集団を 母集団 といい，調査のために母集団
から取り出された一部分を 標本 という。また，標本として取り出されたデータの個
数を標本の 大きさ という。

・偏りがなく公平に，母集団から標本を取り出すことを 無作為に抽出する という。

・母集団から抽出した標本の平均値を 標本平均 という。母集団の平均値は，標本平均
から推定することができる。

・母集団が大きすぎる場合や，母集団全体のようすが推定できれば十分である場合には，
標本 調査が行われる。

2 標本調査の利用 教 p.228〜p.230

・標本調査を利用して，身のまわりの数量を推定してみる。

・調査の方法や結果の解釈が適正かどうか検討する。

スピード確認 （□に入るものを答えよう。答えは，下にあります。）

□ ある工場で製造された 8000 個の食品から無作為に 250 個を抽
出して，品質保持期限の調査を行うことになった。このような
調査を ① 調査といい，母集団は，「この工場で製造された
② 個の食品」，標本の大きさは ③ である。

① _____

② _____

③ _____

1 □ 黒球と白球が合わせて 3000 個入っている箱から 100 個の球を
無作為に抽出したところ，黒球が 5 個ふくまれていた。箱の中
の黒球の数を x 個とすると，$x:3000=$ ④ $:$ ⑤
これを解くと，$x=$ ⑥ したがって，箱の中全体の球のうち，
黒球の数は，およそ，⑦ 個と推定できる。

④ _____

⑤ _____

⑥ _____

⑦ _____

2 □ 100 個の卵の中から，無作為に 10 個を取り出し，重さの平均値
を求めたところ，61.5 g だった。このことから，100 個の卵の
重さを推定すると，⑧ g

⑧ _____

答 ①標本 ②8000 ③250 ④5 ⑤100 ⑥150 ⑦150 ⑧6150

テストに出る！
予想問題

8章 標本調査
1節 標本調査　2節 標本調査の利用

⏱20分
/10問中

1 🔵よく出る　**標本調査**　次の調査は，全数調査，標本調査のどちらが適していますか。

(1)　学校での体力測定　　　　　　　　(2)　野球の試合の視聴率調査

2 **標本調査**　ある都市の中学生全員から，350人を無作為に抽出してアンケート調査を行うことになりました。

(1)　母集団は何ですか。　　　　　　　(2)　標本の大きさを答えなさい。

(3)　350人を無作為に抽出する方法として正しいものを選び，記号で答えなさい。

　⑦　テニス部の部員の中から，くじ引きで350人を選ぶ。

　④　アンケートに答えたい中学生を募集し，先着順で350人を選ぶ。

　⑰　中学生全員に番号をつけ，乱数表を用いて350人を選ぶ。

3 **標本調査の利用**　生徒数320人のある中学校で，生徒40人を無作為に抽出してアンケート調査を行ったところ，毎日1時間以上勉強をしている生徒が6人いました。
この中学校全体で毎日1時間以上勉強をしている生徒の人数を推定しなさい。

4 **標本調査の利用**　ある池にいる魚の数を調べるために，池の10か所に，えさを入れたわなをしかけて魚を300匹捕獲し，これらの魚全部に印をつけて池に返します。1週間後に同じようにして魚を240匹捕獲したところ，その中に印をつけた魚が30匹いました。この池全体の魚の数を推定しなさい。

5 **標本調査の利用**　900ページの辞典に載っている見出し語の数を調べるために，10ページを無作為に抽出し，そこに載っている見出し語の数を調べると，下のようになりました。
64, 62, 68, 76, 59, 72, 75, 82, 62, 69 (語)

(1)　抽出した10ページに載っている見出し語の数の1ページあたりの平均値を求めなさい。

(2)　この辞典に載っている見出し語の数を推定し，百の位までの概数で答えなさい。

(3)　標本を20ページにすると，標本平均と母集団の平均値の差はどうなると予想されますか。

3 生徒の総数と1時間以上勉強をしている生徒の数の割合を考える。
4 魚の総数と印をつけた魚の割合を考える。

テストに出る！
章末予想問題

8章 標本調査

⏱ 15分

/100点

1 次の調査は，全数調査，標本調査のどちらが適していますか。　10点×4〔40点〕

(1) 缶詰の品質調査

(2) 空港での手荷物検査

(3) あるクラスの出欠の調査

(4) 市長選挙での出口調査

2 ある学校の生徒全員から，20人を無作為に抽出して，勉強に対する意識調査を行うことになりました。20人を無作為に抽出する方法として正しいものを選び，記号で答えなさい。

〔20点〕

⑦ テストの点数が期末テストの平均点に近い人から20人を選ぶ。

① くじ引きで20人を選ぶ。

⑨ 女子の中からじゃんけんで20人を選ぶ。

3 箱の中に，赤，緑，青，白の4色のチップが合わせて600枚入っています。その中から無作為に60枚を抽出し，それぞれの枚数を数えたところ，赤が12枚，緑が16枚，青が13枚，白が19枚でした。　10点×2〔20点〕

(1) 箱の中のチップのうち，緑と白のチップの合計枚数の割合を推定しなさい。

(2) 初めに箱の中に入っていた緑と白のチップの合計枚数を推定しなさい。

4 **差がつく** 袋の中に黒い碁石だけがたくさん入っています。同じ大きさの白い碁石60個をこの袋の中に入れ，よくかき混ぜた後，その中から40個の碁石を無作為に抽出して調べたら，白い碁石が15個ふくまれていました。初めに袋の中に入っていた黒い碁石の個数を推定しなさい。

〔20点〕

1	(1)	(2)
	(3)	(4)
2		
3	(1)	(2)
4		

1 /40点　**2** /20点　**3** /20点　**4** /20点

解答と解説

取りはずして
使えます!

大日本図書版　数学3年

1章　多項式

p.3　テスト対策問題

1 (1) $8a^2+6ab$　(2) $10ax^2-2x^2$
(3) $2x-3$　(4) $25x^2-5y$

2 (1) $ab+2a-b-2$　(2) $2x^2+x-6$
(3) $a^2-3ab+6a-12b+8$
(4) $x^2+2xy-5x-4y+6$

3 (1) $x^2+7x+10$　(2) $x^2-2x-24$
(3) $x^2+14x+49$　(4) a^2-6a+9
(5) x^2-36　(6) $64-a^2$

4 (1) $4x^2+4x-15$　(2) $9x^2-12xy+4y^2$
(3) $a^2+2ab+b^2-4a-4b-12$
(4) $x^2-11x+38$

解説

1 (4) $(-20x^3+4xy)\div\left(-\dfrac{4}{5}x\right)$

$=(-20x^3)\times\left(-\dfrac{5}{4x}\right)+4xy\times\left(-\dfrac{5}{4x}\right)$

$=25x^2-5y$

4 (1) $(2x-3)(2x+5)$
$=(2x)^2+(-3+5)\times2x-3\times5$
$=4x^2+4x-15$
(2) $(3x-2y)^2=(3x)^2-2\times2y\times3x+(2y)^2$
$=9x^2-12xy+4y^2$
(3) $a+b$ を A と置くと,
$(a+b-6)(a+b+2)$
$=(A-6)(A+2)=A^2-4A-12$
$=(a+b)^2-4(a+b)-12$
$=a^2+2ab+b^2-4a-4b-12$
(4) $2(x-3)^2-(x+4)(x-5)$
$=2(x^2-6x+9)-(x^2-x-20)$
$=2x^2-12x+18-x^2+x+20$
$=x^2-11x+38$

p.4　予想問題

1 (1) $-20x^2+8xy$　(2) $4xy+12y$

2 (1) $ab-6a+2b-12$
(2) $2a^2-7ab+3b^2+4a-2b$

3 (1) $x^2+7x+12$　(2) $x^2-4x-32$
(3) $x^2-16x+64$　(4) $x^2-\dfrac{1}{25}$

4 (1) $9x^2+6x-8$　(2) $4x^2-20xy+25y^2$
(3) $4x^2-49$
(4) $a^2+2ab+b^2+3a+3b-40$

5 (1) 2496　(2) 10404

6 (1) 29　(2) -67

解説

1 (2) $(3x^2y+9xy)\div\dfrac{3}{4}x$

$=3x^2y\times\dfrac{4}{3x}+9xy\times\dfrac{4}{3x}=4xy+12y$

2 (2) $(a-3b+2)(2a-b)$
$=(a-3b+2)\times2a+(a-3b+2)\times(-b)$
$=2a^2-6ab+4a-ab+3b^2-2b$
$=2a^2-7ab+3b^2+4a-2b$

4 (4) $a+b$ を A と置くと,
$(a+b+8)(a+b-5)=(A+8)(A-5)$
$=A^2+3A-40=(a+b)^2+3(a+b)-40$
$=a^2+2ab+b^2+3a+3b-40$

5 (1) $52\times48=(50+2)(50-2)$
$=50^2-2^2=2500-4=2496$
(2) $102^2=(100+2)^2=100^2+2\times2\times100+2^2$
$=10000+400+4=10404$

6 (2) $(x+y)(x-9y)-(2x+3y)(2x-3y)$
$=x^2-8xy-9y^2-(4x^2-9y^2)$
$=-3x^2-8xy=-3\times5^2-8\times5\times\left(-\dfrac{1}{5}\right)$
$=-75+8=-67$

1 (1) $x(x-4y)$　　(2) $2a(2b-3c)$

2 (1) $(x-1)(x-4)$　(2) $(a-4)(a+2)$
　　(3) $(x+8)^2$　　　(4) $(x+1)(x-1)$

3 (1) $2(x+3)(x-4)$　(2) $(2x-3)^2$
　　(3) $(5a+4b)(5a-4b)$　　(4) $(x+2)^2$

4 1256

5 2500

6 n を整数として，連続する2つの奇数を，
$2n-1$，$2n+1$ とする。
$(2n-1)(2n+1)+1=4n^2-1+1=4n^2$
n^2 は整数だから，連続する2つの奇数の積
に1を加えた数は4の倍数となる。

解説

3 (1) はじめに共通な因数をくくり出す。
$2x^2-2x-24=2(x^2-x-12)$
$=2(x+3)(x-4)$
　(2) $4x^2-12x+9=(2x)^2-2\times3\times2x+3^2$
$=(2x-3)^2$
　(3) $25a^2-16b^2=(5a)^2-(4b)^2$
$=(5a+4b)(5a-4b)$
　(4) $x+7$ を A と置くと，
$(x+7)^2-10(x+7)+25=A^2-10A+25$
$=(A-5)^2=(x+7-5)^2=(x+2)^2$

4 $25^2\times3.14-15^2\times3.14$
$=(25^2-15^2)\times3.14$
$=(25+15)(25-15)\times3.14$
$=40\times10\times3.14=1256$

5 $a^2-2ab+b^2=(a-b)^2$
$=(84-34)^2=50^2=2500$

1 (1) $3b(a+2c)$　　(2) $2a(3x-y+2z)$

2 (1) $(x-6)(x-3)$　(2) $(a+4)(a-2)$
　　(3) $(x+7)^2$　　　(4) $(5+y)(5-y)$

3 (1) ① $4x$　　　② 7
　　(2) ③ 81　　　④ 9

4 (1) $3(x+6)(x-2)$　(2) $(3x-1)^2$
　　(3) $(5x-1)(x+9)$　(4) $(b+2)(a-3)$

5 $S=(x+2z)(y+2z)-xy$
$=xy+2xz+2yz+4z^2-xy$
$=2xz+2yz+4z^2=z(2x+2y+4z)\cdots①$

$\ell=2(x+z)+2(y+z)=2x+2y+4z\cdots②$
①，②から，$S=z\ell$

解説

3 (1) $-3\times②=-21$ から，$②=7$
$①=(-3+7)x=4x$
　(2) $2\times④=18$ から，$④=9$，$③=9^2=81$

4 (3) $3x+4$ を A，$2x-5$ を B と置くと，
$(3x+4)^2-(2x-5)^2=A^2-B^2$
$=(A+B)(A-B)$
$=(3x+4+2x-5)\{(3x+4)-(2x-5)\}$
$=(5x-1)(x+9)$
　(4) $ab+2a-3(b+2)=a(b+2)-3(b+2)$
$b+2$ を A と置くと，
$aA-3A=A(a-3)=(b+2)(a-3)$

5 道の端から端ま
での縦の長さは
$(x+2z)$ m，横の
長さは $(y+2z)$ m
道の真ん中を通る
線の縦の長さは $(x+z)$ m，
横の長さは $(y+z)$ m，$\ell=2(x+z)+2(y+z)$

1 (1) $-2x^2y+6xy^2+8xy$　(2) $6a-12b-9$

2 (1) $2xy-7x-8y+28$　(2) $x^2-5x-24$
　　(3) $x^2-10x+25$　(4) $y^2-\dfrac{4}{9}$

3 (1) $16x^2+8x-15$　(2) $4x^2+x+7$
　　(3) $7x$　　　　　　(4) $a^2+4ab+4b^2-9$

4 (1) $2x(2x-3y)$　(2) $(x+10)(x-2)$
　　(3) $(y-9)^2$　　　(4) $(x+11)(x-11)$
　　(5) $(5x+2y)^2$　　(6) $3(2x+3y)(2x-3y)$
　　(7) $(x+5)(x-7)$　(8) $(3b+1)(a-2)$

5 -2

6 真ん中の整数を n とすると，連続する3つ
の整数は $n-1$，n，$n+1$ と表せる。
$n(n-1)+n(n+1)=n^2-n+n^2+n=2n^2$
よって，小さいほうの2つの数の積と大き
いほうの2つの数の積の和は，真ん中の整
数の2乗の2倍に等しくなる。

7 $(4a+4)$ cm^2，40 cm^2

解説

1 (2) $(4a^2b-8ab^2-6ab)\div\dfrac{2}{3}ab$

$=4a^2b\times\dfrac{3}{2ab}-8ab^2\times\dfrac{3}{2ab}-6ab\times\dfrac{3}{2ab}$

$=6a-12b-9$

3 (1) $(4x-3)(4x+5)$

$=(4x)^2+(-3+5)\times4x-3\times5$

$=16x^2+8x-15$

(2) $(2x+1)^2-3(x-2)$

$=(2x)^2+2\times1\times2x+1^2-3x+6$

$=4x^2+4x+1-3x+6=4x^2+x+7$

(4) $a+2b$ を A と置くと，

$(a+2b+3)(a+2b-3)$

$=(A+3)(A-3)=A^2-3^2$

$=(a+2b)^2-9=a^2+4ab+4b^2-9$

4 (5) $25x^2+20xy+4y^2$

$=(5x)^2+2\times2y\times5x+(2y)^2=(5x+2y)^2$

(6) $12x^2-27y^2=3(4x^2-9y^2)$

$=3\{(2x)^2-(3y)^2\}=3(2x+3y)(2x-3y)$

(7) $x-2$ を A と置くと，

$(x-2)^2+2(x-2)-35$

$=A^2+2A-35=(A+7)(A-5)$

$=(x-2+7)(x-2-5)=(x+5)(x-7)$

(8) $3ab+a-6b-2=a(3b+1)-2(3b+1)$

$3b+1$ を A と置くと，

$aA-2A=A(a-2)=(3b+1)(a-2)$

7 色のついた部分の面積は，

(大きい正方形の面積)−(小さい正方形の面積)

$=(a+2)^2-a^2=(a^2+4a+4)-a^2=4a+4\ (\text{cm}^2)$

$a=9$ のときは，$4\times9+4=40\ (\text{cm}^2)$

2章 平方根

p.11 テスト対策問題

1 (1) ① ±8　　② ±0.9

(2) ① $\pm\sqrt{7}$　　② $\pm\sqrt{0.5}$

(3) ① -7　　② 17

　　③ 0.2　　④ $-\dfrac{7}{5}$

(4) ① 11　　② 36

2 (1) $\sqrt{18}>\sqrt{6}$　(2) $\sqrt{1.69}=1.3$

(3) $-\sqrt{21}>-\sqrt{23}$　(4) $4<\sqrt{20}<5$

3 (1) 5.55, 5.65　　(2) 0.05

4 ㋑, ㋒, ㋔

解説

1 (3) ② $\sqrt{(-17)^2}=\sqrt{17^2}=17$

(4) $(\sqrt{a})^2=a$, $(-\sqrt{a})^2=a$

2 (2) $(\sqrt{1.69})^2=1.69$, $1.3^2=1.69$

$(\sqrt{1.69})^2=1.3^2$ だから，$\sqrt{1.69}=1.3$

(4) $4^2=16$, $5^2=25$, $(\sqrt{20})^2=20$

$16<20<25$ だから，$4<\sqrt{20}<5$

p.12 予想問題

1 (1) ±30　(2) ±0.7　(3) $\pm\sqrt{\dfrac{5}{6}}$

2 (1) 8　　(2) -0.8　　(3) -11

3 (1) ±3　(2) 10　(3) 7　(4) ○

4 (1) $\sqrt{17}>\sqrt{15}$　(2) $\sqrt{2.56}<2.5$

(3) $-\sqrt{10}<-3<-\sqrt{8}$

5 (1) ① $30.5\leqq a<31.5$　② $62.45\leqq a<62.55$

(2) ① 1.28×10^4 km　② 3.780×10^5 km^2

6 A$\cdots-\sqrt{10}$, B$\cdots-\sqrt{6}$, C$\cdots-\dfrac{7}{4}$

D$\cdots\sqrt{3}$, E$\cdots2.5$

解説

2 (2) $-\sqrt{0.64}=-\sqrt{0.8^2}=-0.8$

3 (1) 正の数には平方根が2つあり，絶対値が等しく，符号が異なる。

(2) $\sqrt{a}$ は a の平方根のうち，正のほうである。

(3) $\sqrt{(-7)^2}=\sqrt{49}=7$

4 (3) $3^2=9$, $(\sqrt{10})^2=10$, $(\sqrt{8})^2=8$ より

$8<9<10$ だから，$\sqrt{8}<3<\sqrt{10}$

よって，$-\sqrt{10}<-3<-\sqrt{8}$

5 (1) ① 小数第1位を四捨五入した値が31になる数を考える。

② 小数第2位を四捨五入した値が62.5になる数を考える。

(2) ① 有効数字が3桁のとき，□.□□$\times10^{□}$ で表す。

6 $-\sqrt{9}<-\sqrt{6}<-\sqrt{4}$ から，$-3<-\sqrt{6}<-2$

$\sqrt{1}<\sqrt{3}<\sqrt{4}$ から，$1<\sqrt{3}<2$

$-\sqrt{16}<-\sqrt{10}<-\sqrt{9}$ から，$-4<-\sqrt{10}<-3$

1 (1) $\sqrt{39}$　　(2) 5

2 (1) ① $\sqrt{28}$　　② $\sqrt{75}$

　(2) ① $6\sqrt{2}$　　② $10\sqrt{5}$

3 (1) ① $\dfrac{\sqrt{21}}{3}$　　② $\dfrac{6\sqrt{5}}{5}$

　(2) ① 17.32　② 54.77　③ 0.5477

4 (1) $7\sqrt{3}$　　(2) $5\sqrt{5}-2\sqrt{10}$

5 (1) $-3\sqrt{3}$　　(2) $\dfrac{13\sqrt{5}}{5}$

　(3) $46-6\sqrt{5}$　　(4) 3

6 $4\sqrt{6}$

解説

3 (1) ② $\dfrac{6}{\sqrt{5}}=\dfrac{6\times\sqrt{5}}{\sqrt{5}\times\sqrt{5}}=\dfrac{6\sqrt{5}}{5}$

(2) ③ $\sqrt{0.3}=\sqrt{\dfrac{30}{100}}=\dfrac{\sqrt{30}}{10}=\dfrac{5.477}{10}=0.5477$

5 (2) $\sqrt{20}+\dfrac{3}{\sqrt{5}}=2\sqrt{5}+\dfrac{3\sqrt{5}}{5}$

$\qquad =\dfrac{10\sqrt{5}+3\sqrt{5}}{5}=\dfrac{13\sqrt{5}}{5}$

(3) $(3\sqrt{5}-1)^2=(3\sqrt{5})^2-2\times1\times3\sqrt{5}+1^2$

$\qquad =45-6\sqrt{5}+1=46-6\sqrt{5}$

(4) $(\sqrt{6}+\sqrt{3})(\sqrt{6}-\sqrt{3})=(\sqrt{6})^2-(\sqrt{3})^2$

$\qquad =6-3=3$

6 $x^2-y^2=(x+y)(x-y)$ としてから $x,\ y$ の値を代入する。

1 (1) 9　　(2) $-\sqrt{6}$　　(3) $\sqrt{3}$

2 (1) $4\sqrt{5}$　　(2) $5\sqrt{11}$　　(3) $9\sqrt{6}$

3 (1) $\dfrac{\sqrt{14}}{7}$　　(2) $\dfrac{\sqrt{5}}{2}$　　(3) $\dfrac{\sqrt{3}}{3}$

4 (1) $30\sqrt{2}$　　(2) $\dfrac{1}{10}$　　(3) 3

5 (1) $9\sqrt{2}$　　(2) $9\sqrt{2}-2\sqrt{3}$

6 (1) $5\sqrt{2}-6\sqrt{3}$　　(2) $4\sqrt{10}$

7 (1) 5　　(2) $-5\sqrt{5}+5$

8 $18\sqrt{2}$ cm

解説

2 (3) $3\sqrt{54}=3\times3\sqrt{6}=9\sqrt{6}$

5 (1) $\sqrt{32}+\sqrt{50}=4\sqrt{2}+5\sqrt{2}=9\sqrt{2}$

6 (1) $\sqrt{6}\left(\dfrac{5}{\sqrt{3}}-3\sqrt{2}\right)=5\sqrt{2}-3\sqrt{12}$

$\qquad =5\sqrt{2}-6\sqrt{3}$

(2) $(\sqrt{5}+\sqrt{2})^2-(\sqrt{5}-\sqrt{2})^2$

$\qquad =\{(\sqrt{5}+\sqrt{2})+(\sqrt{5}-\sqrt{2})\}$

$\qquad\qquad \times\{(\sqrt{5}+\sqrt{2})-(\sqrt{5}-\sqrt{2})\}$

$\qquad =2\sqrt{5}\times2\sqrt{2}=4\sqrt{10}$

7 (1) $a^2-8a+16=(a-4)^2$

これに $a=4-\sqrt{5}$ を代入すると，

$(4-\sqrt{5}-4)^2=(-\sqrt{5})^2=5$

(2) $a^2-3a-4=(a+1)(a-4)$

これに $a=4-\sqrt{5}$ を代入すると，

$(4-\sqrt{5}+1)(4-\sqrt{5}-4)=(5-\sqrt{5})\times(-\sqrt{5})$

$\qquad =-5\sqrt{5}+5$

8 正方形の面積は，$36\times36\div2=648\,(\mathrm{cm}^2)$

正方形の1辺の長さを $x\,\mathrm{cm}$ とすると，

$x^2=648 \qquad x>0$ から，

$x=\sqrt{648}=18\sqrt{2}$

1 (1) $\pm4\sqrt{3}$　　(2) $\dfrac{2}{3}$

　(3) 6.04×10^4 km　　(4) $\dfrac{\sqrt{2}}{2}$

　(5) 5

2 (1) エ　(2) ウ　(3) ア　(4) イ

3 (1) $6\sqrt{10}$　　(2) $\sqrt{6}$

　(3) $-5\sqrt{3}+3\sqrt{7}$　　(4) $\dfrac{5\sqrt{2}}{4}$

　(5) $18-2\sqrt{5}$　　(6) $2\sqrt{15}$

4 (1) $a=4,\ 5,\ 6,\ 7$　　(2) 4 つ

5 $3\sqrt{5}$ cm

6 (1) 3　　(2) $\sqrt{10}-3$　　(3) 1

解説

4 (1) $(\sqrt{10})^2<a^2<(\sqrt{50})^2$ より $10<a^2<50$

(2) $7^2<8a<9^2$ より，$49<8a<81$

$\qquad a=7,\ 8,\ 9,\ 10$

5 正四角柱の底面の正方形の面積は

$450\div10=45\,(\mathrm{cm}^2)$

6 (1) $3<\sqrt{10}<4$ より $\sqrt{10}$ の整数部分は 3

(2) $\sqrt{10}=3+(\text{小数部分})$ だから，$(\text{小数部分})=\sqrt{10}-3$

(3) $a(a+6)=(\sqrt{10}-3)(\sqrt{10}-3+6)$

$\qquad =(\sqrt{10}-3)(\sqrt{10}+3)=10-9=1$

3章　2次方程式

1 エ

2 (1) $x=3$, $x=-\dfrac{1}{2}$　(2) $x=-2$, $x=-6$

(3) $x=3$　(4) $x=0$, $x=5$

(5) $x=\pm7$　(6) $x=-6$, $x=4$

3 (1) $x=\pm\sqrt{3}$　(2) $x=\pm2\sqrt{2}$

(3) $x=-2$, $x=-8$　(4) $x=2\pm\sqrt{3}$

(5) $x=3\pm\sqrt{13}$　(6) $x=-4\pm\sqrt{19}$

4 (1) $x=\dfrac{3\pm\sqrt{41}}{4}$　(2) $x=\dfrac{-3\pm2\sqrt{3}}{3}$

(3) $x=2$, $x=-\dfrac{3}{4}$　(4) $x=-\dfrac{1}{3}$, $x=-3$

5 (1) $x=8$, $x=2$　(2) $x=6$, $x=-2$

解説

2 (6) $(x+3)(x-1)=21$　$x^2+2x-3=21$

$x^2+2x-24=0$　$(x+6)(x-4)=0$

$x=-6$, $x=4$

3 (5) $x^2-6x=4$　$x^2-6x+9=4+9$

$(x-3)^2=13$　$x-3=\pm\sqrt{13}$

$x=3\pm\sqrt{13}$

4 (3) $x=\dfrac{-(-5)\pm\sqrt{(-5)^2-4\times4\times(-6)}}{2\times4}$

$=\dfrac{5\pm\sqrt{121}}{8}=\dfrac{5\pm11}{8}$

$x=\dfrac{5+11}{8}=2$, $x=\dfrac{5-11}{8}=-\dfrac{3}{4}$

(4) $x=\dfrac{-10\pm\sqrt{10^2-4\times3\times3}}{2\times3}$

$=\dfrac{-10\pm\sqrt{64}}{6}=\dfrac{-10\pm8}{6}=\dfrac{-5\pm4}{3}$

$x=\dfrac{-5+4}{3}=-\dfrac{1}{3}$, $x=\dfrac{-5-4}{3}=-3$

5 (1) 平方根の考えを使うと，$(x-5)^2-9=0$

$(x-5)^2=9$　$x-5=\pm3$　$x=5\pm3$

$x=8$, $x=2$

(2) $(x-9)(x+5)=-33$

$x^2-4x-45+33=0$　$x^2-4x-12=0$

$(x-6)(x+2)=0$　$x=6$, $x=-2$

1 (1) $x=13$　(2) $x=3$, $x=-\dfrac{1}{5}$

2 (1) $x=4$, $x=-6$　(2) $x=11$

(3) $x=0$, $x=12$　(4) $x=-6$, $x=2$

3 (1) $x=\pm5$　(2) $x=\pm3\sqrt{2}$

(3) $x=-2\pm\sqrt{7}$　(4) $x=\dfrac{11}{3}$, $x=\dfrac{1}{3}$

4 (1) $x=\dfrac{-5\pm\sqrt{33}}{4}$　(2) $x=1\pm\sqrt{6}$

(3) $x=\dfrac{2\pm\sqrt{10}}{3}$　(4) $x=-\dfrac{1}{2}$, $x=-\dfrac{3}{2}$

5 (1) $x=4$, $x=-7$　(2) $x=4\pm3\sqrt{6}$

(3) $x=\dfrac{1}{6}$　(4) $x=\dfrac{3}{2}$

解説

2 (4) $5x^2+20x=60$　$x^2+4x=12$

$x^2+4x-12=0$　$(x+6)(x-2)=0$

$x=-6$, $x=2$

3 (4) $9(x-2)^2=25$　$(x-2)^2=\dfrac{25}{9}$

$x-2=\pm\dfrac{5}{3}$　$x=2\pm\dfrac{5}{3}$

$x=2+\dfrac{5}{3}=\dfrac{11}{3}$, $x=2-\dfrac{5}{3}=\dfrac{1}{3}$

4 (3) $x=\dfrac{-(-4)\pm\sqrt{(-4)^2-4\times3\times(-2)}}{2\times3}$

$=\dfrac{4\pm\sqrt{40}}{6}=\dfrac{4\pm2\sqrt{10}}{6}=\dfrac{2\pm\sqrt{10}}{3}$

(4) $x=\dfrac{-8\pm\sqrt{8^2-4\times4\times3}}{2\times4}$

$=\dfrac{-8\pm\sqrt{16}}{8}=\dfrac{-8\pm4}{8}$

$x=\dfrac{-8+4}{8}=-\dfrac{1}{2}$, $x=\dfrac{-8-4}{8}=-\dfrac{3}{2}$

5 (2) $(x-4)^2-54=0$　$(x-4)^2=54$

$x-4=\pm\sqrt{54}=\pm3\sqrt{6}$　$x=4\pm3\sqrt{6}$

(3) $36x^2-12x=-1$　$36x^2-12x+1=0$

$(6x-1)^2=0$　$6x-1=0$　$x=\dfrac{1}{6}$

(4) $8x^2=24x-18$　$4x^2=12x-9$

$4x^2-12x+9=0$　$(2x-3)^2=0$

$2x-3=0$　$x=\dfrac{3}{2}$

1 -13 と -7, 7 と 13

2 8 と 9

3 (1) $5\,\mathrm{cm}$

(2) $(5+\sqrt{11})\,\mathrm{cm}$ と $(5-\sqrt{11})\,\mathrm{cm}$

(3) $4\,\mathrm{cm}$ と $6\,\mathrm{cm}$

4 $30\,\mathrm{m}$

解説

1 小さいほうの整数を x とすると，大きいほうの整数は $x+6$ と表されるから，$x(x+6)=91$
$x^2+6x-91=0$　$(x+13)(x-7)=0$
$x=-13$, $x=7$　x は整数なので，どちらも問題の答えとしてよい。

2 小さいほうの自然数を x とすると，大きいほうの自然数は $x+1$ と表されるから，
$x(x+1)=x+(x+1)+55$
$x^2-x-56=0$　$(x+7)(x-8)=0$
$x=-7$, $x=8$　x は自然数なので -7 は問題の答えとすることはできない。

3 AP の長さを $x\,\mathrm{cm}$ とすると，PB$=(10-x)\,\mathrm{cm}$, BQ$=x\,\mathrm{cm}$ と表される。よって，△PBQ の面積は，$\dfrac{1}{2}x(10-x)=-\dfrac{x^2}{2}+5x$

(1) $-\dfrac{x^2}{2}+5x=\dfrac{25}{2}$ より，$-x^2+10x=25$
$x^2-10x+25=0$　$(x-5)^2=0$　$x=5$
$0<x<10$ だから，問題の答えとしてよい。

(2) $-\dfrac{x^2}{2}+5x=7$ より，$-x^2+10x=14$
$x^2-10x+14=0$
$x=\dfrac{-(-10)\pm\sqrt{(-10)^2-4\times1\times14}}{2\times1}$
$=\dfrac{10\pm\sqrt{44}}{2}=\dfrac{10\pm2\sqrt{11}}{2}=5\pm\sqrt{11}$
$0<x<10$ だから，これらはどちらも問題の答えとしてよい。

(3) △DAP$=\dfrac{1}{2}\times10\times x=5x\,(\mathrm{cm}^2)$
△QCD$=\dfrac{1}{2}\times(10-x)\times10=50-5x\,(\mathrm{cm}^2)$
△DPQ$=100-\left\{5x+\left(-\dfrac{x^2}{2}+5x\right)+(50-5x)\right\}$
$=\dfrac{x^2}{2}-5x+50\,(\mathrm{cm}^2)$　$\dfrac{x^2}{2}-5x+50=38$ より，

$\dfrac{x^2}{2}-5x+12=0$　$x^2-10x+24=0$
$(x-4)(x-6)=0$　$x=4$, $x=6$
$0<x<10$ だから，これらはどちらも問題の答えとしてよい。

4 もとの土地の 1 辺の長さを $x\,\mathrm{m}$ とすると，
$(x-8)(x+10)=880$　$x^2+2x-960=0$
$(x+32)(x-30)=0$　$x=-32$, $x=30$
$x>8$ だから，$x=30$

1 8 と 15

2 1, 2, 3

3 $4\,\mathrm{cm}$

4 $2\,\mathrm{m}$

5 $20\,\mathrm{cm}$

解説

1 小さいほうの自然数を x とすると，大きいほうの自然数は $x+7$ と表されるから，
$x(x+7)=120$　$x^2+7x-120=0$
$(x+15)(x-8)=0$　$x=-15$, $x=8$
x は自然数だから，$x=8$

2 連続する 3 つの自然数のうち，中央の数を n とすると，最も小さい数は $n-1$，最も大きい数は $n+1$ と表せる。ただし，$n\geqq2$
$(n-1)^2+(n+1)^2=2n+6$
$n^2-2n+1+n^2+2n+1=2n+6$
$2n^2-2n-4=0$　$n^2-n-2=0$
$(n-2)(n+1)=0$　$n=2$, $n=-1$
n は 2 以上の自然数なので中央の数は，2

3 BP の長さを $x\,\mathrm{cm}$ とすると，
△PBQ$=\dfrac{1}{2}\times$BQ$\times$BP$=\dfrac{1}{2}x^2\,(\mathrm{cm}^2)$
△ABC の面積の $\dfrac{4}{9}$ は，$\dfrac{1}{2}\times12^2\times\dfrac{4}{9}=32\,(\mathrm{cm}^2)$
$\dfrac{1}{2}x^2=32$　$x^2=64$　$x>0$ から，$x=8$
よって，AP$=12-8=4\,(\mathrm{cm})$

4 通路の幅を $x\,\mathrm{m}$ とする。3 本の通路をそれぞれ端に寄せると，通路以外の部分は，縦 $(12-x)\,\mathrm{m}$，横 $(16-2x)\,\mathrm{m}$ の長方形になる。
$(12-x)(16-2x)=120$　$2x^2-40x+72=0$
$x^2-20x+36=0$　$(x-2)(x-18)=0$
$x=2$, $x=18$　$16-2x>0$ から，$0<x<8$　よって，$x=2$

5 紙の 1 辺の長さを $x\,\mathrm{cm}$ とする。

$4(x-8)^2=576$　$(x-8)^2=144$　$x-8=\pm12$

$x=8\pm12$　$x=20,\ x=-4$

$x>8$ だから，$x=20$

p.24〜p.25 **章末予想問題**

1 (1) **1, 5** 　　　　(2) **3, 4**

2 (1) $x=\dfrac{2}{3},\ x=-4$ 　(2) $x=0,\ x=-\dfrac{5}{3}$

(3) $x=-3,\ x=14$ 　(4) $x=2,\ x=-8$

(5) $x=7$ 　　　　(6) $x=10,\ x=-3$

3 (1) $x=\pm4$ 　　　(2) $x=-1\pm2\sqrt{5}$

(3) $x=-3\pm\sqrt{13}$ 　(4) $x=\dfrac{9\pm\sqrt{69}}{2}$

(5) $x=\dfrac{1\pm\sqrt{7}}{3}$ 　(6) $x=1,\ x=\dfrac{2}{5}$

4 (1) $x=9,\ x=-2$ 　(2) $y=-3,\ y=1$

5 (1) $a=2$，**ほかの解 -6**

(2) $a=7$

6 **3, 4, 5**

7 **1 m**

8 (1) $a+6$ 　　　(2) **(4, 10)**

解説

4 (2) $y+3$ を A と置くと，$A^2=4A$

$A^2-4A=0$　　$A(A-4)=0$

$(y+3)(y-1)=0$　　$y=-3,\ y=1$

5 (2) $x^2+x-20=0$ を解くと，$x=4,\ x=-5$

小さいほうの解は $x=-5$ であるから

$x^2+ax+10=0$ に代入して a の値を求める。

6 連続する 3 つの自然数を $x-1,\ x,\ x+1$ と

すると，$(x-1)^2=x+(x+1)$ より，$x^2-4x=0$

$x(x-4)=0$　$x=0,\ x=4$

x は 2 以上の自然数なので，$x=4$

7 道の幅を $x\,\mathrm{m}$ とすると，

$(5-x)(12-3x)=5\times12\times\dfrac{3}{5}$

これを解くと，$x=8,\ x=1$　$0<x<4$ だから，$x=1$

8 (2) △POA は二等辺三角形だから，底辺を

OA とみると，$\mathrm{OA}=2a\,(\mathrm{cm})$，高さは，

$(a+6)\,\mathrm{cm}$ となる。よって，

$\dfrac{1}{2}\times2a(a+6)=40$　$a^2+6a-40=0$

$(a+10)(a-4)=0$　$a>0$ だから，$a=4$

4章　関数

p.27 **テスト対策問題**

1 (1) $y=3x$ 　**×** 　　(2) $y=\dfrac{1}{16}x^2$ 　**○**

2 (1) $y=2x^2$ 　　　　(2) $y=8$

(3) $y=18$

3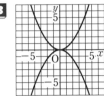

4 (1) $3\leqq y\leqq27$ 　　(2) $0\leqq y\leqq27$

5 (1) **21** 　　　　(2) **-27**

解説

2 (1) $y=ax^2$ に，$x=4,\ y=32$ を代入すると，

$32=a\times4^2$　$a=2$

(2) $y=2x^2$ に $x=2$ を代入して y の値を求める。

3 $y=\dfrac{1}{3}x^2$

x	…	-3	-2	-1	0	1	2	3	…
y	…	3	$\dfrac{4}{3}$	$\dfrac{1}{3}$	0	$\dfrac{1}{3}$	$\dfrac{4}{3}$	3	…

$y=-\dfrac{1}{3}x^2$ のグラフは，$y=\dfrac{1}{3}x^2$ のグラフと

x 軸について対称になる。

4 (1) x の変域が $-3\leqq x\leqq-1$ のとき，y は

$x=-3$ で最大値，$x=-1$ で最小値をとる。

(2) x の変域が $-2\leqq x\leqq3$ のとき，y は $x=3$

で最大値，$x=0$ で最小値をとる。

5 (1) $\dfrac{3\times5^2-3\times2^2}{5-2}=\dfrac{75-12}{3}=21$

(2) $\dfrac{3\times(-3)^2-3\times(-6)^2}{-3-(-6)}=\dfrac{27-108}{3}=-27$

p.28 **予想問題**

1 (1) $y=10\pi x^2$ 　　(2) $250\pi\,\mathrm{cm}^3$

(3) **8 cm**

2 (1) $-48\leqq y\leqq-3$ 　(2) $-27\leqq y\leqq0$

3 (1) **2** 　　　　(2) **-3**

4 (1) $y=-4x^2$ 　　(2) $y=-36$

(3) $x=\pm4$

5 (1) **㋑** 　　(2) **㋐** 　　(3) **㋒**

解説

1 (3) $y=10\pi x^2$ に $y=640\pi$ を代入して x の値を求める。$640\pi=10\pi x^2$　$x^2=64$　$x=\pm8$, $x>0$ であることに注意する。

2 (1) x の変域が $1\leqq x\leqq4$ のとき、y は $x=1$ で最大値、$x=4$ で最小値をとる。

(2) x の変域が $-2\leqq x\leqq3$ のとき、y は $x=0$ で最大値、$x=3$ で最小値をとる。

3 (1) $\left(\dfrac{1}{4}\times6^2-\dfrac{1}{4}\times2^2\right)\div(6-2)$
$=(9-1)\div4=2$

(2) $\left\{\dfrac{1}{4}\times(-4)^2-\dfrac{1}{4}\times(-8)^2\right\}\div\{-4-(-8)\}$
$=(4-16)\div4=-3$

4 (1) $y=ax^2$ に $x=-2$, $y=-16$ を代入して a を求める。

(2) $y=-4x^2$ に $x=3$ を代入して求める。

(3) $y=-4x^2$ に $y=-64$ を代入して求める。

5 $y=ax^2$ のグラフは $a>0$ のとき、上に、$a<0$ のとき、下に開いた形になる。a の絶対値が大きくなるほど、曲線は y 軸に近づく。

---

p.30 テスト対策問題

1 (1) $y=\dfrac{1}{160}x^2$　(2) 16 m

(3) 56 m

2 (1) $y=x^2$　$0\leqq y\leqq9$

(2) $y=3x$　$9\leqq y\leqq18$

3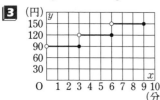

解説

1 (1) $y=ax^2$ に $x=40$, $y=10$ を代入して a の値を求める。

$$10=a\times40^2\quad a=\dfrac{1}{160}$$

(2) $y=\dfrac{1}{5}x$ に $x=80$ を代入して y の値を求める。

(3) $y=\dfrac{1}{160}x^2$ に $x=80$ を代入して制動距離を求めると、$y=\dfrac{1}{160}\times80^2=40\,(\mathrm{m})$

停止距離は空走距離と制動距離の和で求める。

---

2 (1) x の変域が $0\leqq x\leqq3$ のとき、点Pは点Aから辺ABの中点まで、点Qは点Aから点Dまで動くから、△APQの面積は、

$$y=\dfrac{1}{2}\times x\times2x\quad y=x^2$$

このとき y は、$x=0$ で最小値、$x=3$ で最大値をとる。

(2) x の変域が $3\leqq x\leqq6$ のとき、点Pは、辺ABの中点から点Bまで、点Qは点Dから点Cまで動くから、△APQの面積は、

$$y=\dfrac{1}{2}\times x\times6\quad y=3x$$

このとき y は、$x=3$ で最小値、$x=6$ で最大値をとる。

---

p.31 予想問題

1 (1) 6　(2) $a=\dfrac{3}{2}$

2 (1) $y=\dfrac{1}{2}x^2$　(2) $x=3\sqrt{2}$

3 (1) 右の図
(2) 240 円

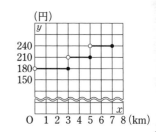

解説

1 (1) $y=3x$ に $x=2$ を代入して y の値を求める。
$y=3\times2=6$

(2) $y=ax^2$ は点 A(2, 6) を通るから、$y=ax^2$ に $x=2$, $y=6$ を代入して、a の値を求める。

$$6=a\times2^2\quad 6=4a\quad a=\dfrac{3}{2}$$

2 (1) 2つの図形が重なった部分の図形は、直角二等辺三角形で底辺、高さはともに x cm なので、

$$y=\dfrac{1}{2}\times x\times x\quad \text{よって、}\ y=\dfrac{1}{2}x^2$$

(2) $y=\dfrac{1}{2}x^2$ に $y=9$ を代入して、

$$9=\dfrac{1}{2}x^2\quad x^2=18$$

$0\leqq x\leqq6$ だから、$x=\sqrt{18}=3\sqrt{2}$

8

1 (1) $y=3x^2$ (2) -27

(3) $0\leqq y\leqq 108$

2 (1) ① $y=\dfrac{1}{3}x^2$ ② $y=-\dfrac{1}{2}x^2$

(2) $b=12$, $c=\pm 9$

3 (1) ア，イ (2) エ

4 (1) $a=2$ (2) $a=\dfrac{1}{2}$

5 (1) 1 m (2) $\sqrt{2}$ 秒

6 (1) $y=x+4$ (2) 12

解説

4 (1) $\dfrac{a\times 5^2-a\times 2^2}{5-2}=14$

$\dfrac{25a-4a}{3}=14$　$7a=14$　$a=2$

(2) $y=0$ が最小値であることから，$x=-4$
のとき y は最大値 8 をとる。$y=ax^2$ に
$x=-4$，$y=8$ を代入して a の値を求める。

5 (2) $50\,\mathrm{cm}=\dfrac{1}{2}$ m　　$y=\dfrac{1}{4}x^2$ に $y=\dfrac{1}{2}$ を
代入して x の値を求める。$x>0$ であること
に注意する。

6 (1) $y=\dfrac{1}{2}x^2$ に $x=-2$，4 をそれぞれ代入
して，点 A，B の y 座標を求める。
直線 ℓ の式を $y=ax+b$ として点 A，B の
座標を代入し，連立方程式で a，b の値を求
める。

(2) 直線 ℓ と y 軸との交点を C とすると，C(0, 4)

$\triangle OAB=\triangle OAC+\triangle OBC$

$=\dfrac{1}{2}\times 4\times 2+\dfrac{1}{2}\times 4\times 4=12$

5章　相似と比

1 (1) $2:3$ (2) 6 cm

(3) $\angle C=82°$, $\angle F=70°$, $\angle H=88°$

2

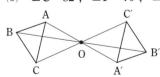

3 (1) $\triangle ABC\infty\triangle EDF$

(2) 2 組の辺の比が等しく，その間の角が
等しい。

---

4 (1) $\triangle ABC$ と $\triangle AED$ で，

仮定から，$\angle ABC=\angle AED$ ……①

共通な角だから，$\angle BAC=\angle EAD$ ……②

①，②から，2 組の角がそれぞれ等しい
ので，$\triangle ABC\infty\triangle AED$

(2) 5 cm

解説

1 (2) $4:EF=2:3$　$2EF=12$　$EF=6$ (cm)

4 (2) $\triangle ABC$ と $\triangle AED$ の相似比は

$(8+4):6=2:1$ だから

$10:DE=2:1$　$2DE=10$　$DE=5$ (cm)

1

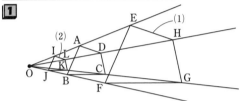

2 (1) $4:3$ (2) 8 cm (3) 7.5 cm

(4) $85°$

3 ⑦と④，条件… 2 組の角がそれぞれ等しい。

④と⑦，条件… 3 組の辺の比がすべて等し
い。

⑦と⑦，条件… 2 組の辺の比が等しく，そ
の間の角が等しい。

解説

2 (2) $AC:6=4:3$　$3AC=24$　$AC=8$ (cm)

(3) $10:DE=4:3$　$4DE=30$　$DE=7.5$ (cm)

(4) $\angle E=\angle B=40°$，$\angle F=55°$ より，

$\angle D=180°-(40°+55°)=85°$

1 (1) $\triangle ABC\infty\triangle AED$

条件… 2 組の角がそれぞれ等しい。

(2) $\triangle ABC\infty\triangle DEC$

条件… 2 組の辺の比が等しく，その間
の角が等しい。

2 (1) $\triangle ABC$ と $\triangle CBD$ で，

$\angle ACB=\angle CDB=90°$ ……①

共通な角だから，$\angle ABC=\angle CBD$ ……②

①，②より，2 組の角がそれぞれ等し
いので，$\triangle ABC\infty\triangle CBD$

(2) 9.6 cm

9

③ (1) △ABDと△ACEで，

∠ADB＝$180°-$∠BDC

∠AEC＝$180°-$∠BEC

∠BDC＝∠BEC より

∠ADB＝∠AEC ……①

共通な角だから，∠BAD＝∠CAE ……②

①，②より，2組の角がそれぞれ等しいので，△ABD∽△ACE

(2) 3.6 cm

④ △ABCと△ADBで，

∠BCA＝$\frac{1}{2}$∠ABC

∠DBA＝$\frac{1}{2}$∠ABC

よって，∠BCA＝∠DBA ……①

共通な角だから，∠BAC＝∠DAB ……②

①，②より，2組の角がそれぞれ等しいので，△ABC∽△ADB

解説

② (2) AB：CB＝AC：CD より，

20：16＝12：CD 5：4＝12：CD

5CD＝48 CD＝9.6 (cm)

③ (2) AB：AC＝AD：AE より，

6：5＝AD：3 5AD＝18 AD＝3.6 (cm)

① (1) $x=9, y=5$　(2) $x=14, y=12$

(3) $x=12.5$

② FD

③ (1) $x=22.5$　(2) $x=9.6$

④ $x=10, y=75$

⑤ $x=4.8$

解説

② BF：FA＝16：8＝2：1，

BD：DC＝20：10＝2：1 より，FD∥AC

DE，EF に関しても同様にして調べる。

③ (1) x：15＝18：12 12x＝15×18

$x=22.5$

(2) 18：x＝15：8 15x＝18×8 $x=9.6$

⑤ AB：AC＝BD：CD 8：7＝x：$(9-x)$

7x＝8$(9-x)$ 7x＝72$-8x$ 15x＝72

$x=4.8$

① (1) $x=9, y=8$　(2) $x=6, y=7.5$

(3) $x=6, y=3$

② (1) $x=7.5$　(2) $x=12.8$　(3) $x=2.5$

③ (1) 2：3　(2) 6 cm

④ (1) 4 cm　(2) 11 cm

⑤ (1) 2：3　(2) 2：3

解説

② (2) 6：10＝4.8：$(x-4.8)$

6$(x-4.8)$＝48 $x-4.8$＝8 $x=12.8$

(3) $(12.5-x)$：x＝8：2 8x＝2$(12.5-x)$

10x＝25 $x=2.5$

③ (1) BE：ED＝10：15＝2：3

(2) BE：BD＝2：$(2+3)$＝2：5 より，

EF＝$\frac{2}{5}$DC＝$\frac{2}{5}×15$＝6 (cm)

④ (1) E，F はそれぞれ AB，DB の中点だから

中点連結定理より，EF＝$\frac{1}{2}$AD＝$\frac{1}{2}×8$＝4 (cm)

(2) (1)より，FG∥BC，また，DF＝FB だから

FG＝$\frac{1}{2}$BC＝$\frac{1}{2}×14$＝7 (cm)

EG＝EF＋FG＝4＋7＝11 (cm)

⑤ (1) △ABD：△DBC＝AD：BC＝2：3

(2) △AOD：△ABO＝OD：BO＝AD：BC

＝2：3

① (1) 4：3　(2) 16：9

② (1) 21 cm　(2) 12 cm²

③ (1) 4：25　(2) 8：125

④ 約35 m

解説

② 相似比は，4：6＝2：3

(1) 周の長さの比は相似比（2：3）に等しい。

14×$\frac{3}{2}$＝21 (cm)

(2) 面積の比は，2^2：3^2＝4：9

27×$\frac{4}{9}$＝12 (cm²)

④ 7×500＝3500 (cm) より，約35 m

予想問題

① (1) 5：4 (2) 48 cm²

② (1) 52 cm² (2) 384 cm³

③ 約 13.1 m

④ (1) $\dfrac{64}{125}$ 倍 (2) 305 cm³

解説

① 相似比は，4：8＝1：2

(1) 表面積の比は，1²：2²＝1：4

$$208 \times \dfrac{1}{4} = 52 \ (\text{cm}^2)$$

(2) 体積の比は，1³：2³＝1：8 48×8＝384（cm³）

③ $\dfrac{1}{400}$ の縮図 △A′B′C′ をかくと，

$$B'C' = 20 \times 100 \times \dfrac{1}{400} = 5 \ (\text{cm})$$

このとき，A′C′ の長さは約 2.9 cm となるから，木の高さは，

2.9×400÷100＋1.5＝13.1 より，約 13.1 m

ミス注意！ 目の高さを加えるのを忘れないようにする。

④ (1) 水の部分と容器の相似比は，

16：20＝4：5 よって，体積比は，4³：5³

(2) 容器の容積は，$320 \times \dfrac{125}{64} = 625 \ (\text{cm}^3)$

625－320＝305（cm³）

章末予想問題

① (1) $x=12$ (2) $x=10$ (3) $x=4.8$

② (1) △ABD と △AEF で，

∠ABD＝∠AEF＝60° ……①

∠BAD＝∠BAC－∠DAC＝60°－∠DAC

∠EAF＝∠DAE－∠DAC＝60°－∠DAC

よって，∠BAD＝∠EAF ……②

①，②より，2 組の角がそれぞれ等しいので，△ABD∽△AEF

(2) 1.9 cm

③ 9 cm

④ (1) $x=8$ (2) $x=\dfrac{28}{5}$

⑤ (1) 5：6 (2) 25：36

⑥ AD∥EC より，

∠BAD＝∠AEC，∠DAC＝∠ACE

∠BAD＝∠DAC であるから，

∠AEC＝∠ACE よって，AE＝AC

AD∥EC より，BA：AE＝BD：DC

したがって，AB：AC＝BD：CD

⑦ (1) 1：9 (2) 1：7：19

解説

① (2) DC＝18－10＝8

AC：DC＝12：8＝3：2

BC：AC＝18：12＝3：2

∠C は共通だから，△ABC∽△DAC となる。

AB：DA＝3：2 だから，

15：x＝3：2 x＝10

② (2) AF＝x cm とすると，

AB：AE＝AD：AF より，

10：9＝9：x x＝8.1

CF＝10－8.1＝1.9（cm）

③ EC＝2DF＝2×3＝6（cm）

DG＝2EC＝2×6＝12（cm）

FG＝12－3＝9（cm）

④ (1) DF：FC＝AE：EB＝4：6＝2：3

対角線 AC と EF の交点を G とすると，

$$EG = \dfrac{2}{2+3}BC = \dfrac{2}{5} \times 14 = \dfrac{28}{5}$$

同様にして，GF＝$\dfrac{12}{5}$ $x=\dfrac{28}{5}+\dfrac{12}{5}=8$

(2) CF：CD＝EF：AD＝4：14＝2：7 より，

DF：DC＝(7－2)：7＝5：7

$$x = \dfrac{7}{5} \times 4 = \dfrac{28}{5}$$

⑤ (1) RA：BC＝AQ：QB＝1：3＝2：6

AP：BC＝1：2＝3：6

RS：CS＝RP：BC＝(2+3)：6＝5：6

(2) △RSP：△CSB＝RS²：CS²＝5²：6²

＝25：36

⑦ P，P＋Q，P＋Q＋R の相似比は，1：2：3

(2) これら 3 つの立体の体積の比は 1³：2³：3³

＝1：8：27 だから，

立体 P，Q，R の体積の比は，

1：(8－1)：(27－8)＝1：7：19

6章 円

1 (1) $x=54$　　(2) $x=59$
　　(3) $x=230$　(4) $x=24$

2 (1) $x=54$　　(2) $x=15$

3 (1) $x=104$　　(2) $x=4$

4 ㋐, ㋒

解説

1 (2) $360°-242°=118°$
　　　$x=\dfrac{1}{2}\times118=59$
　(3)　$x=2\times115=230$
　(4)　三角形の内角と外角の関係から，
　　　$x=84-60=24$

2 (1)　$x=180-(36+90)=54$
　(2)　$x=90-75=15$

3 (1)　$\overset{\frown}{CD}=\overset{\frown}{AB}$ より，$\angle CBD=\angle ACB=52°$
　　　△EBC で，$\angle AEB=52°+52°=104°$
　(2)　弧の長さは，それに対する円周角の大きさ
　　　に比例するから，$x:8=28:56$　　$x=4$

4 ㋒…$\angle ABD=97°-65°=32°$ であるから，
　　　$\angle ABD=\angle ACD$ が成り立つ。

1 (1) $x=35$　　(2) $x=112$
　　(3) $x=100$　(4) $x=53$
　　(5) $x=23$　　(6) $x=25$

2 (1) $x=26$　　(2) $x=6$
　　(3) $x=60$

3 円周角の定理より，
　　$\angle AQ'B=\angle APB$　…①
　　△QBQ′ の内角と外角の関係から，
　　$\angle AQB=\angle AQ'B+\angle QBQ'$　…②
　　①，②から，$\angle AQB=\angle APB+\angle QBQ'$
　　よって，$\angle AQB>\angle APB$

4 (1) $x=26$　　　(2) $y=54$

解説

1 (3)　OA=OB=OC より，$\angle OAB=30°$，
　　　$\angle OAC=20°$　$x=2\times(30+20)=100$
　(4)　$\angle APB=\dfrac{1}{2}\times110°=55°$
　　　$x=180-(55+72)=53$
　(5)　$\angle DCB=90°$　　$\angle CBD=\angle CAD=67°$
　　　$x=180-(90+67)=23$

　(6)　$\angle ADC=90°$，$\angle BDC=\angle BAC=65°$ より
　　　$x=90-65=25$

2 (2)　$\dfrac{1}{2}\times80°=40°$　　$3:x=20:40$　　$x=6$
　(3)　円の中心をOとすると，
　　　$\angle AOC=360°\times\dfrac{2}{6}=120°$　$x=\dfrac{1}{2}\times120=60$

4 (1)　$x=52-26=26$
　(2)　$\angle ADB=\angle ACB=26°$
　　　より，4点A, B, C, Dは1つの円周上にあ…
　　　よって，$\angle ACD=\angle ABD$ より，
　　　$y=180-(74+26+26)=54$
　別解 $\angle BDC=\angle BAC=74°$
　　　$y=180-(52+74)=54$

1

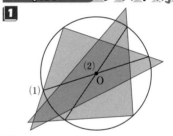

2

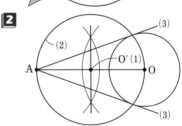

3 △ACP と △DBP で，
　$\overset{\frown}{CB}$ に対する円周角は等しいから，
　　$\angle CAP=\angle BDP$　……①
　対頂角は等しいから，
　　$\angle APC=\angle DPB$　……②
　①，②より，2組の角がそれぞれ等しいので，
　△ACP∽△DBP

4 (1) $x=102$
　　(2) $x=48$

解説

1 (2)　(1)と位置を変えて，もう一つの直径をか…
　　　く。2つの直径の交点をOとする。

2 (3)　(2)でかいた円O′と円Oとの2つの交点…
　　　を P, P′ とすると，AO は円O′の直径だから
　　　$\angle APO=\angle AP'O=90°$ となり，AP, AP′ は
　　　円Oの接線であることがわかる。

予想問題

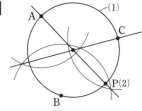

2
(1) $x=70$　　(2) $x=50$
(3) $x=90$

3
(1) △PAD と △PCB で,
$\stackrel{\frown}{AC}$ に対する円周角は等しいから,
∠PDA=∠PBC　……①
∠P は共通　　　……②
①, ②より, 2組の角がそれぞれ等しい
ので, △PAD∽△PCB
(2) (1)より, PA:PC=PD:PB である
から,
$\dfrac{PA}{PC}=\dfrac{PD}{PB}$　両辺に $\dfrac{PC}{PD}$ をかけると,
$\dfrac{PA}{PD}=\dfrac{PC}{PB}$
すなわち, PA:PD=PC:PB
(3) 23 cm

4
(1) $x=125$　　(2) $x=70$

解説

1
(1) 線分 AB と BC の垂直二等分線をひき,
その交点を円の中心 O として, 半径 OA の円
をかく。
(2) 半直線 AO と円の交点を P とすると,
∠ABP=90° となる。

2
(3) 線分 OP をかく。△AP′O≡△APO
△CBO≡△CPO より, ∠P′OP=2∠AOP
∠BOP=2∠COP　∠P′OP+∠BOP=180°
だから, 2∠AOP+2∠COP=180°
よって, ∠AOP+∠COP=90°

3
(3) (2)より, 6:PD=4:18　PD=27 (cm)
CD=PD−PC=27−4=23 (cm)

4
(1) ∠ADB=90°　∠BAD=180°−(90°+35°)=55°
x=180−55=125
(2) x=180−(30+80)=70

章末予想問題

1
(1) $x=118$　　(2) $x=26$
(3) $x=38$　　(4) $x=34$
(5) $x=53$　　(6) $x=24$

2
(1) $x=45$, $y=112.5$
(2) $x=40$, $y=30$

3 平行四辺形の対角は等しいから,
∠BAD=∠BCD
また, 折り返した角であるから,
∠BCD=∠BPD
よって, ∠BAD=∠BPD より, 4点 A,
B, D, P は1つの円周上にある。
したがって, $\stackrel{\frown}{AP}$ に対する円周角は等しい
から, ∠ABP=∠ADP

4

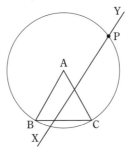

5
(1) $x=4$　　(2) $x=112$　　(3) $x=72$

6
(1) △ADB と △ABE で,
∠BAD=∠EAB(共通)　……①
AB=AC より,
∠ABE=∠ACB　　　　……②
$\stackrel{\frown}{AB}$ に対する円周角は等しいから,
∠ACB=∠ADB　　　　……③
②, ③より, ∠ADB=∠ABE　……④
①, ④より, 2組の角がそれぞれ等しい
ので, △ADB∽△ABE
(2) 6 cm

解説

2
(1) A～H は円周を8等分する点だから, 1
つの弧に対する円周角は,
$\dfrac{1}{2}\times\left(360°\times\dfrac{1}{8}\right)=22.5°$
よって, $x°=2\times22.5°=45°$
∠DAG=3×22.5°=67.5° より,
$y°=45°+67.5°=112.5°$
(2) $x°=90°−50°=40°$　∠DEB=∠DCB=20°
より, 4点 D, B, C, E は1つの円周上にあ
るから, ∠BEC=∠BDC=90°
$y°=180°−(20°+90°+40°)=30°$

4 頂点 A を中心とし半径 AB の円と, 直線 XY
との交点を P とすると,

13

$$\angle \text{BPC}=\frac{1}{2}\angle \text{BAC}=\frac{1}{2}\times 60°=30°$$

⑤ (1) △ACP∽△DBP から，

$x:6=2:3$ $x=4$

⑥ (2) △ADB∽△ABE より，

AB：AE＝AD：AB   AB：9＝4：AB

$AB^2=36$ AB＝6（cm）

7章 三平方の定理

p.55 テスト対策問題

① (1) $x=10$ (2) $x=12$ (3) $x=2\sqrt{6}$
(4) $x=6\sqrt{2}$ (5) $x=15$ (6) $x=2\sqrt{41}$

② (1) $2\sqrt{5}$ cm (2) $2\sqrt{21}$ cm

③ イ，ウ，エ，カ

④ $AB^2+BC^2=20^2+21^2=400+441=841$
$AC^2=29^2=841$
よって，$AB^2+BC^2=AC^2$ が成り立つので，△ABC は ∠B＝90° の直角三角形である。

解説

① (3) $5^2+x^2=7^2$ $x^2=24$
$x>0$ から，$x=\sqrt{24}=2\sqrt{6}$
(6) $10^2+8^2=x^2$ $x^2=164$
$x>0$ から，$x=\sqrt{164}=2\sqrt{41}$

② (1) $AD^2+4^2=6^2$ $AD^2=20$
AD＝$2\sqrt{5}$ （cm）
(2) $8^2+(2\sqrt{5})^2=AB^2$ $AB^2=84$
AB＝$2\sqrt{21}$ （cm）

③ 最も長い辺を斜辺として計算してみる。
オ $6=\sqrt{36}$，$3\sqrt{3}=\sqrt{27}$ より，6 cm の辺が最も長い。
$(\sqrt{10})^2+(3\sqrt{3})^2=37$，$6^2=36$
よって，直角三角形でない。
カ $3\sqrt{2}=\sqrt{18}$，$6\sqrt{2}=\sqrt{72}$，$3\sqrt{6}=\sqrt{54}$ より，$6\sqrt{2}$ cm の辺が最も長い。
$(3\sqrt{2})^2+(3\sqrt{6})^2=72$，$(6\sqrt{2})^2=72$
よって，直角三角形である。

p.56 予想問題

① ① $(a+b)^2$ ② $\frac{1}{2}ab$
③ a^2+b^2 ④ c^2

② (1) $x^2=16-a^2$，$x^2=-a^2+10a-16$
(2) $a=\frac{16}{5}$ (3) $x=\frac{12}{5}$

③ $x=3$

④ (1) △ABC において，三平方の定理を使うと，
$AC^2=8^2+12^2=208$
また，$AD^2+DC^2=(6\sqrt{3})^2+10^2=208$
よって，$AD^2+DC^2=AC^2$ が成り立つので，△ADC は ∠ADC＝90° の直角三角形である。
(2) $(30\sqrt{3}+48)$ cm²

解説

② (1) △ABD で，$x^2+a^2=4^2$ $x^2=16-a^2$
△ACD で，$x^2+(5-a)^2=3^2$
$x^2=9-(5-a)^2=-a^2+10a-16$
(2) x^2 を消去して，$16-a^2=-a^2+10a-16$
$10a=32$ $a=\frac{16}{5}$
(3) $x^2=16-\left(\frac{16}{5}\right)^2=\frac{144}{25}$ $x>0$ より，$x=\frac{12}{5}$

③ $(x+2)$ cm の辺が斜辺となるから，
$x^2+(x+1)^2=(x+2)^2$
$x^2+(x^2+2x+1)=x^2+4x+4$
$x^2-2x-3=0$ $(x+1)(x-3)=0$ $x=-1$，$x=3$
$x>0$ から，$x=3$

p.58 テスト対策問題

① (1) $4\sqrt{5}$ cm (2) $10\sqrt{6}$ cm²
② (1) $x=6$，$y=6\sqrt{2}$ (2) $x=2\sqrt{3}$，$y=2$
③ (1) $x=4\sqrt{5}$ (2) $x=2\sqrt{10}$
④ (1) $2\sqrt{17}$ (2) $2\sqrt{5}$
⑤ (1) $10\sqrt{2}$ cm (2) $5\sqrt{3}$ cm

解説

① (2) 高さは，$\sqrt{7^2-5^2}=\sqrt{24}=2\sqrt{6}$ （cm）
よって，面積は，
$\frac{1}{2}\times 10\times 2\sqrt{6}=10\sqrt{6}$ （cm²）

② (2) $4:x=2:\sqrt{3}$ $x=2\sqrt{3}$
$4:y=2:1$ $y=2$

テストに出る！

5分間攻略ブック

大日本図書版

数学
3年

重要事項をサクッと確認

よく出る問題の
解き方をおさえる

赤シートを
活用しよう！

テスト前に最後のチェック！
休み時間にも使えるよ♪

「5分間攻略ブック」は取りはずして使用できます。

1章　多項式

次の言葉を答えよう。

□ （単項式）×（多項式）で，かっこを
はずすのに使う法則。　**分配法則**

□ （多項式）×（多項式）で，かっこをは
ずして単項式の和の形に表すこと。

展開（する）

公式を確認しよう。～展開の公式～

□ $(a+b)(c+d)=$　$ac+ad+bc+bd$

□ $(x+a)(x+b)=$　$x^2+(a+b)x+ab$

□ $(x+a)^2=$　$x^2+2ax+a^2$

□ $(x-a)^2=$　$x^2-2ax+a^2$

□ $(x+a)(x-a)=$　x^2-a^2

次の計算をしよう。

□ $3a(4a-2b)$

$=3a×4a-\boxed{3a}×2b$

$=\boxed{12a^2-6ab}$

□ $(16x^2+8x)÷(-4x)$

$=-\dfrac{16x^2}{\boxed{4x}}-\dfrac{8x}{4x}=\boxed{-4x-2}$

次の式を展開しよう。

□ $(2a+3)(a-2)$

$=2a^2-4a+3a-6=\boxed{2a^2-a-6}$

□ $(x+4)(x-3)$ ✵ $x^2+(4-3)x+4×(-3)$

$=\boxed{x^2+x-12}$

□ $(x+3)^2$ ✵ $x^2+2×3×x+3^2$

$=\boxed{x^2+6x+9}$

□ $(n-5)^2$ ✵ $n^2-2×5×n+5^2$

$=\boxed{n^2-10n+25}$

□ $(x+4)(x-4)$ ✵ x^2-4^2

$=\boxed{x^2-16}$

□ $(a+b+3)(a+b-3)$　$a+b=A$ と置くと

$(A+3)(A-3)=A^2-9$

$=(a+b)^2-9$

$=\boxed{a^2+2ab+b^2-9}$

□ $3(x+4)^2-(x+2)(x-2)$

$=3(x^2+8x+16)-(x^2-4)$

$=3x^2+24x+48-x^2+4$

$=\boxed{2x^2+24x+52}$

◎ 攻略のポイント

多項式の計算，式の展開

乗法⇒分配法則を用いて，各項に単項式をかける。　除法⇒わる数の逆数をかける。

式の展開　$(2x+4)(x-3)=2x^2-6x+4x-12=2x^2-2x-12$
同類項をまとめる

次の言葉を答えよう。

□ x^2+3x+2 を $(x+1)(x+2)$ と表す とき，$x+1$ と $x+2$ を x^2+3x+2 の 何という？　　　　　　　因数

□ 多項式をいくつかの因数の積の形に 表すこと。　　　　　　因数分解

公式を確認しよう。～因数分解（展開の公式の逆）～

□ $x^2+(a+b)x+ab$

　　$= \underline{(x+a)(x+b)}$

□ $x^2+2ax+a^2= \underline{(x+a)^2}$

□ $x^2-2ax+a^2= \underline{(x-a)^2}$

□ $x^2-a^2= \underline{(x+a)(x-a)}$

次の式を因数分解しよう。

□ $3a^2+2ab$

　　$=a\times3a+a\times2b= \boxed{a(3a+2b)}$

□ $4a^2b^2-6ab^2-8ab$

　　$=2ab\times2ab-2ab\times3b-2ab\times4$

　　$= \boxed{2ab(2ab-3b-4)}$

次の式を因数分解しよう。

□ $x^2+9x+20$ ✳ $\underset{\text{和が }9\quad\text{積が }20}{x^2+(4+5)x+4\times5}$

　　$= \boxed{(x+4)(x+5)}$

□ a^2+6a+9 ✳ $a^2+2\times3\times a+3^2$

　　$= \boxed{(a+3)^2}$

□ $m^2-8m+16$ ✳ $m^2-2\times4\times m+4^2$

　　$= \boxed{(m-4)^2}$

□ x^2-25 ✳ x^2-5^2

　　$= \boxed{(x+5)(x-5)}$

□ $ax^2-36a= \boxed{a}\,(x^2-36)$

　　$= \boxed{a(x+6)(x-6)}$

□ $(a-3)x+(a-3)y$

　　$a-3=A$ と置くと

　　$Ax+ \boxed{A}\,y=A(x+y)$ ⎫ A をもとに

　　$= \boxed{(a-3)(x+y)}$ ⎭ 戻す

工夫して計算しよう。

□ 35^2-15^2 ✳ 因数分解の公式を利用

　　$=(35+15)(35-15)= \boxed{50}\times20$

　　$= \boxed{1000}$

◎ 攻略のポイント

因数分解

① 共通な因数でくくる。
② 式の形から，公式を使 い分ける。

③ 展開の公式を逆向きにみると，因数分解の公式になる。

　例 $x^2-81=\underline{x^2-9^2}=(x+9)(x-9)$
　　　　　　　 └ $x^2-a^2=(x+a)(x-a)$ を利用

2章　平方根

次の言葉を答えよう。

□ $x^2 = a$ を成り立たせる x の値を a
の何という？　　　　　平方根

□ 記号 $\sqrt{}$ を何という？　　　根号

□ 真の値に近い値。　　　近似値

□ 整数 a と 0 でない整数 b を使って
分数 $\dfrac{a}{b}$ の形に表される数。　有理数

□ $\sqrt{50}$ のように，分数の形には表せ
ない数。　　　　　　　無理数

□ 終わりのある小数。　　有限小数

□ 終わりがなくどこまでも続く小数。

　　　　　　　　　　　無限小数

□ いくつかの数字が同じ順序でくり返
し現れる小数。　　　　循環小数

平方根を答えよう。

□ 7　　　$\pm\sqrt{7}$　　□ $\dfrac{5}{6}$　　$\pm\sqrt{\dfrac{5}{6}}$

□ 81　　± 9　　□ 0.09　　± 0.3

根号を使わずに表そう。

□ $\sqrt{36}$　　　　　　　　　　6

□ $-\sqrt{81}$　　　　　　　　-9

□ $\sqrt{\dfrac{9}{16}}$　　　　　　　　$\dfrac{3}{4}$

□ $\sqrt{(-3)^2}$ ✵ $\sqrt{(-3)^2} = \sqrt{9} = 3$　　3

□ $(-\sqrt{5})^2$　　　　　　　5

数の大小を，不等号を使って表そう。

□ $\sqrt{12}$, $\sqrt{13}$

　12 $\boxed{<}$ 13 だから，

　$\sqrt{12}$ $\boxed{<}$ $\sqrt{13}$

□ 6, $\sqrt{35}$

　$6 = \sqrt{6^2} = \sqrt{36}$ で，

　36 $\boxed{>}$ 35 だから，

　$\sqrt{36}$ $\boxed{>}$ $\sqrt{35}$

　よって，6 $\boxed{>}$ $\sqrt{35}$

□ $-\sqrt{3}$, $-\sqrt{5}$

　$\sqrt{3}$ $\boxed{<}$ $\sqrt{5}$ だから，

　$-\sqrt{3}$ $\boxed{>}$ $-\sqrt{5}$

◎ 攻略のポイント

平方根

正の数には平方根が 2 つあって，その 2 つの数は絶対値が等しく，符号が異なる。
0 の平方根は 0 だけである。
a，b が正の数のとき，$a < b$ ならば $\sqrt{a} < \sqrt{b}$ である。

大日本図書版　数学3年

2章　平方根

次の言葉を答えよう。

□ 分母に根号のある式を，その値を変えないで分母に根号のない形になおすこと。　　分母を有理化（する）

計算のしかたを確認しよう。($a>0$，$b>0$)

□ $\sqrt{a} \times \sqrt{b} = \sqrt{\boxed{ab}}$

□ $\dfrac{\sqrt{a}}{\sqrt{b}} = \sqrt{\boxed{\dfrac{a}{b}}}$

□ $a\sqrt{b} = \sqrt{\boxed{a^2b}}$

□ $\sqrt{a^2b} = \boxed{a}\sqrt{b}$

□ $\dfrac{a}{\sqrt{b}} = \dfrac{a\times\boxed{\sqrt{b}}}{\sqrt{b}\times\boxed{\sqrt{b}}} = \dfrac{a\sqrt{b}}{b}$

□ $m\sqrt{a} + n\sqrt{a} = \underline{(m+n)\sqrt{a}}$

□ $m\sqrt{a} - n\sqrt{a} = \underline{(m-n)\sqrt{a}}$

次の数を $a\sqrt{b}$ の形に表そう。

□ $\sqrt{32}$ ✵ $\sqrt{16\times2} = 4\sqrt{2}$ 　　　$4\sqrt{2}$

□ $\sqrt{63}$ ✵ $\sqrt{9\times7} = 3\sqrt{7}$ 　　　$3\sqrt{7}$

□ $\sqrt{150}$ ✵ $\sqrt{25\times6} = 5\sqrt{6}$ 　　$5\sqrt{6}$

次の数の分母を有理化しよう。

□ $\dfrac{4}{\sqrt{3}} = \dfrac{4\times\boxed{\sqrt{3}}}{\sqrt{3}\times\boxed{\sqrt{3}}} = \dfrac{4\sqrt{3}}{3}$

□ $\dfrac{6}{\sqrt{5}} = \dfrac{6\times\boxed{\sqrt{5}}}{\sqrt{5}\times\boxed{\sqrt{5}}} = \boxed{\dfrac{6\sqrt{5}}{5}}$

□ $\dfrac{8}{3\sqrt{2}} = \dfrac{8\times\boxed{\sqrt{2}}}{3\sqrt{2}\times\boxed{\sqrt{2}}}$

$= \dfrac{8\times\sqrt{2}}{3\times2} = \boxed{\dfrac{4\sqrt{2}}{3}}$

次の計算をしよう。

□ $\sqrt{3}\times\sqrt{6} = \sqrt{18} = \boxed{3\sqrt{2}}$

□ $\sqrt{24}\div\sqrt{3} = \sqrt{8} = \boxed{2\sqrt{2}}$

□ $6\sqrt{2} + 3\sqrt{2} = \boxed{(6+3)\sqrt{2}}$

$= \boxed{9\sqrt{2}}$

□ $5\sqrt{3} - \sqrt{12} = 5\sqrt{3} - \boxed{2\sqrt{3}}$

$= \boxed{3\sqrt{3}}$

□ $(\sqrt{7}+\sqrt{3})^2 = (\sqrt{7})^2 + 2\times\sqrt{3}\times\sqrt{7} + (\boxed{\sqrt{3}})^2$

$= 7 + 2\sqrt{21} + 3 = \boxed{10+2\sqrt{21}}$

□ $(\sqrt{10}+3)(\sqrt{10}-3) = (\sqrt{10})^2 - \boxed{3}^2$

$= 10 - 9 = \boxed{1}$

◎ 攻略のポイント

根号をふくむ式の計算

根号をふくむ式の加法や減法は，文字式の同類項の計算と同じように行う。

分母に $\sqrt{\ }$ がある項は，まず分母を**有理化**してから計算する。

根号をふくむ式でも，分配法則や展開の公式が使える。

3章　2次方程式

次の言葉を答えよう。

□ 移項して整理することによって
(2次式)＝0 の形になる方程式を何という？　　　　　　　　　2次方程式

□ 2次方程式を成り立たせる文字の値を，その2次方程式の何という？
　　　　　　　　　　　　　　　解

□ 2次方程式のすべての解を求めることを何という？　　　　　解く

因数分解を利用した解き方は？

□ $AB=0$ ならば $A=0$ または　$B=0$

□ $(x+a)(x+b)=0 \Rightarrow x=-a,$　$x=-b$

□ $x(x+a)=0 \Rightarrow x=0,$　$x=-a$

□ $(x+a)^2=0 \Rightarrow$　$x=-a$

次の方程式を解こう。

□ $(x-3)(x+5)=0$

$x-3=0$　または　$x+5=0$

$x=\boxed{3},$　$x=-5$

次の方程式を解こう。

□ $(x+2)(x-6)=0$

$x+2=0$　または　$x-6=0$

$x=\boxed{-2},$　$x=6$

□ $x(x-4)=0$

$x=0,$　$x=\boxed{4}$

□ $(x+3)(2x-1)=0$

$x+3=0$　または　$2x-1=0$

$x=-3,$　$x=\boxed{\dfrac{1}{2}}$

□ $x^2+7x=0$

$x(x+7)=0$　$x=\boxed{0},$　$x=-7$

□ $x^2-8x+16=0$

$(x-\boxed{4})^2=0$　$x-4=0$　$x=\boxed{4}$

□ $3x^2-6x+3=0$

$x^2-\boxed{2x}+1=0$　❋両辺を3でわる。

$(x-\boxed{1})^2=0$　$x=\boxed{1}$

□ $x^2=9x$

$x^2-9x=\boxed{0}$　$x(x-9)=0$

$x=0,$　$x=\boxed{9}$

◎ 攻略のポイント

2次方程式の解き方(1)

因数分解を使った解き方
(2次式)＝0 の左辺が因数分解できるときは，
$AB=0$ならば，$A=0$または$B=0$の性質を使って解く。

一般に2次方程式の
解は2つあるが，
1つだけのものもある。

3章　2次方程式

平方根の考えを利用した解き方は？

□ $x^2=a \Rightarrow x=\underline{\pm\sqrt{a}}$

□ $ax^2=b \Rightarrow x=\underline{\pm\sqrt{\dfrac{b}{a}}}$

□ 2次方程式が $(x+m)^2=k\,(k\geqq0)$ の形

　に変形できるとき,

　$x+m=\pm\sqrt{k}$, $x=\underline{-m\pm\sqrt{k}}$

2次方程式 $ax^2+bx+c=0$ の解の公式は？

□ $x=\underline{\dfrac{-b\pm\sqrt{b^2-4ac}}{2a}}$ ✻必ず覚えよう。

次の方程式を解こう。

□ $x^2-8=0$

　$x^2=8$　$x=\pm\sqrt{8}$　$x=\pm\boxed{2\sqrt{2}}$

□ $6x^2-18=0$

　$6x^2=18$　$x^2=\boxed{3}$　$x=\pm\boxed{\sqrt{3}}$

□ $(x-3)^2=7$

　$x-3=\boxed{\pm\sqrt{7}}$　$x=\boxed{3\pm\sqrt{7}}$

□ $(x+2)^2=5$

　$x+2=\boxed{\pm\sqrt{5}}$　$x=\boxed{-2\pm\sqrt{5}}$

次の方程式を解こう。

□ $x^2+4x-1=0$

　$x^2+4x+4=1+4$

　$(x+2)^2=5$

　$x+2=\boxed{\pm\sqrt{5}}$　$x=\boxed{-2\pm\sqrt{5}}$

□ $2x^2-3x-1=0$

　$x=\dfrac{-(-3)\pm\sqrt{(-3)^2-4\times\boxed{2}\times(-1)}}{2\times\boxed{2}}$

　$=\dfrac{3\pm\sqrt{9+\boxed{8}}}{4}$　✻解の公式に
　　　　　　　　　　　　　$a=2$, $b=-3$,
　　　　　　　　　　　　　$c=-1$ を代入する。

　$=\dfrac{3\pm\sqrt{\boxed{17}}}{4}$

□ ある正の数と, その数より4大き

　い数との積は45になる。このとき,

　ある正の数を x として, 2次方程式

　をつくると, $\boxed{x(x+4)}=45$

　$x^2+4x-45=0$

　$(x+9)(x-\boxed{5})=0$

　$x=-9$, $x=5$

　$x>0$ だから, $x=\boxed{5}$　✻解が適している
　　　　　　　　　　　　　かを確かめる。

◎ 攻略のポイント

2次方程式の解き方(2)

平方根の考えを使って解く。

　$x^2=a \Rightarrow x=\pm\sqrt{a}$

　$(x+m)^2=k \Rightarrow x=-m\pm\sqrt{k}$

2次方程式 $ax^2+bx+c=0$ の解の公式は

$x=\dfrac{-b\pm\sqrt{b^2-4ac}}{2a}$　b^2-4ac が0のときは,
　　　　　　　　　　　　　　　2次方程式の解は
　　　　　　　　　　　　　　　1つになる。

4章 関数

教科書 p.104～p.105, p.120

次の問に答えよう。

□ y が x の関数で，$y=ax^2$ と表されるとき，y は x の何に比例する？

2乗

□ 関数 $y=ax^2$ では，x の値が2倍，3倍，…になると，y の値はどうなる？　　4倍，9倍，……になる。

y が x の2乗に比例するといえるか答えよう。

□ 底面が1辺 $x$cm の正方形で，高さが5cm の正四角柱の体積を $y$cm³ とする。❀$y=5x^2$　　いえる

□ 半径が $x$cm の円周の長さを $y$cm とする。

❀$y=2\pi x$　　いえない

□ 半径が $x$cm の円の面積を $y$cm² とする。

❀$y=\pi x^2$　　いえる

□ 周の長さが $x$cm の正方形の面積を $y$cm² とする。

❀$y=\dfrac{1}{16}x^2$　　いえる

y を x の式で表そう。

□ y は x の2乗に比例し，$x=3$ のとき，$y=18$

❀$y=ax^2$ に，$x=3$，$y=18$ を代入。
$18=a\times3^2$　$a=2$　　$y=2x^2$

□ y は x の2乗に比例し，$x=-1$ のとき，$y=4$

❀$4=a\times(-1)^2$　$a=4$　　$y=4x^2$

□ y は x の2乗に比例し，$x=5$ のとき，$y=-10$

❀$-10=a\times5^2$　$a=-\dfrac{2}{5}$　　$y=-\dfrac{2}{5}x^2$

次の問に答えよう。

□ 1辺が $x$cm の正方形の面積を $y$cm² とするとき，y を x の式で表しなさい。　　$y=x^2$

□ 正方形で，1辺の長さが2倍になると，面積は何倍になりますか。

❀$2^2=4$(倍)　　4倍

◎ 攻略のポイント

関数 $y=ax^2$ の式

y が x の2乗に比例 $\Rightarrow$ $y=ax^2$
関数 $y=ax^2$ では，x の値が2倍，3倍，…になると，y の値は 2^2 倍，3^2 倍，…になる。

4章　関数

次の問に答えよう。

□ $y=ax^2$ のグラフが必ず通る点は？

原点

□ $y=ax^2$ のグラフは何について対称？

y 軸

□ $y=ax^2$ のグラフは，$a>0$ のとき は上，下どちらに開いた形？

✾ $a>0$…上　$a<0$…下　　　上

□ $y=ax^2$ のグラフで，a の絶対値が 大きいほど，グラフの開き方は？

小さい

□ $y=ax^2$ のグラフは，何といわれる 曲線？

放物線

次の関数のグラフをかこう。

□ $y=\dfrac{1}{3}x^2$　　□ $y=-x^2$

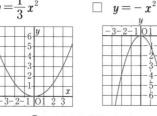

✾なめらかな曲線で結ぶ。

次の問に答えよう。

□ 関数 $y=3x^2$ について，x の変域が $-2 \leqq x \leqq 3$ のときの y の変域は？

✾ $x=0$ のとき最小値 0
　$x=3$ のとき最大値 27

$0 \leqq y \leqq 27$

□ 関数 $y=-2x^2$ について，x の変域が $-3 \leqq x \leqq 2$ のときの y の変域は？

✾ $x=0$ のとき最大値 0
　$x=-3$ のとき最小値 -18

$-18 \leqq y \leqq 0$

□ 関数 $y=x^2$ について，x の値が 1 から 3 まで増加するときの変化の割 合は？

✾ $\dfrac{(y\ の増加量)}{(x\ の増加量)}=\dfrac{9-1}{3-1}=4$　　4

□ 高い所から物を落とすとき，落とし てから x 秒間に落ちる距離を y m とすると，$y=5x^2$ の関係が成り立 つとする。このとき，落としてから 4 秒間に落ちる距離は？

✾ $y=5x^2$ に $x=4$ を代入　　80 m

◎ 攻略のポイント

関数 $y=ax^2$ のグラフ

y 軸について対称な**放物線**で，頂点は**原点**。
$a>0$ のとき，グラフは上に開いた形。
$a<0$ のとき，グラフは下に開いた形。

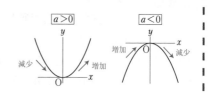

5章　相似と比

次の問に答えよう。

□ ある図形を拡大または縮小した図形と合同な図形は，もとの図形と何であるという？　　相似

□ △ABCと△DEFが相似であることを記号を使って表すと？

　　　　△ABC∽△DEF

□ 相似な図形で対応する線分の比を何という？　　相似比

三角形の相似条件をおさえよう。

□ **3組の辺** の比が すべて等しい。

□ 2組の辺の比が等しく， **その間の角** が 等しい。

□ **2組の角** がそれぞれ等しい。

下の図で，△ABC∽△DEF です。

□ △ABC と △DEF の相似比は？

❋15：10＝3：2

　　　　3：2

□ 辺 DE の長さは？

❋12：DE＝3：2　　　8cm

次の図で，相似な三角形を記号∽で表そう。

□ ❋2組の辺の比が等しく，その間の角が等しい。

△ABC∽△AED

□ ❋3組の辺の比がすべて等しい。

△ABC∽△DAC

□ ❋2組の角がそれぞれ等しい。

△ABC∽△ACD

◎ 攻略のポイント

三角形の合同条件と相似条件の比較

3組の辺 ⇔ 3組の辺の比
2組の辺とその間の角 ⇔ 2組の辺の比とその間の角
1組の辺とその両端の角 ⇔ 2組の角

相似の証明問題では，2組の角に目をつけるのがポイント。はじめにチェックしよう！

5章　相似と比

定理を確認しよう。

□ △ABC の辺 AB,
AC 上の点を D,
E とするとき,

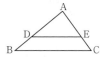

① DE // BC ⇔ AD : AB = AE : $\boxed{\text{AC}}$

DE // BC ⇒ AD : AB = DE : $\boxed{\text{BC}}$

② DE // BC ⇔ AD : DB = AE : $\boxed{\text{EC}}$

□ 平行な3つの
直線 a, b, c が
直線 m とそれぞ
れ A, B, C で
交わり, 直線 n とそれぞれ A´, B´,
C´ で交われば

AB : BC = A´B´ : $\boxed{\text{B´C´}}$

□ △ABC の2辺 AB,
AC の中点をそれぞれ
M, N とすると,

MN // $\boxed{\text{BC}}$, MN = $\frac{1}{2}$BC

❋ 中点連結定理

相似な図形の面積と体積

□ 相似比が $m : n$ ならば,

周の長さの比 ⇒ $\underline{m : n}$

面積の比・表面積の比 ⇒ $\underline{m^2 : n^2}$

体積の比 ⇒ $\underline{m^3 : n^3}$

次の図で x の値を求めよう。

□ DE // BC

❋ $6 : 9 = x : 12$
$x = 8$

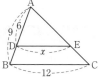

$\boxed{x = 8}$

□ ℓ // m // n

❋ $8 : x = 6 : 3$
$x = 4$

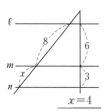

$\boxed{x = 4}$

□ AD // BC

AE = BE

DF = CF

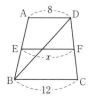

❋ EF = $\frac{1}{2}$AD + $\frac{1}{2}$BC
$4 + 6 = 10$

$\boxed{x = 10}$

◎ 攻略のポイント

面積の比と体積の比

相似比が $m : n$ ならば
周の長さの比は $m : n$
面積の比は $m^2 : n^2$

相似比が $m : n$ ならば
表面積の比は $m^2 : n^2$
体積の比は $m^3 : n^3$

大日本図書版　数学3年

11

6章　円

円Oについて答えよう。

□ ∠APB を $\widehat{AB}$ に対する何という？

　円周角

□ $\widehat{AB}$ を ∠APB に対する何という？

　弧

定理を確認しよう。

□ 円周角の定理

　①1つの弧に対する円周角の大きさは，その弧に対する中心角の大きさの 半分 である。

　②1つの弧に対する円周角の大きさは 等しい 。

□ 弧と円周角　1つの円で，

　①等しい円周角に対する 弧 は等しい。

　②等しい弧に対する 円周角 は等しい。

□ 半円の弧に対する円周角は 直角 である。

∠x の大きさを求めよう。

□

❀ $\angle x = \dfrac{1}{2} \times 60°$
　$= 30°$

　30°

□

❀ $\angle x = 2 \times 40°$
　$= 80°$

　80°

□

❀ $\angle x = 2 \times 100°$
　$= 200°$

　200°

□

❀ $\angle x = 80° - 35°$
　$= 45°$

　45°

□

❀ $\angle x = 90° - 58°$
　$= 32°$

　32°

□

❀ $\angle x = 90° - 30°$
　$= 60°$

　60°

◎ 攻略のポイント

円周角の大きさ

円周角 $= \dfrac{1}{2} \times$ 中心角

同じ弧に対する円周角は等しい。

弧の長さが等しい。
⇕
円周角の大きさが等しい。

6章 円

点Pは円Oのどこにあるか答えよう。

□ ∠APB＝75°のとき
  ❋ ∠APB＞∠ACB
    <u>円の内部</u>

□ ∠APB＝45°のとき
  ❋ ∠APB＜∠ACB
    <u>円の外部</u>

□ ∠APB＝60°のとき
  ❋ ∠APB＝∠ACB
    <u>円周上</u>

定理を確認しよう。

□ 円周角の定理の逆

  2点P，Qが直線ABの

  同じ側にあって，

  ∠APB＝∠AQBならば，4点A，B，

  P，Qは 1つの円周上 にある。

□ 円外の1点から，

  その円にひいた

  2つの

  接線の長さ は等しい。

4点A, B, C, Dが1つの円周上にあることを証明しよう。

□ ∠AED は △ ABE の

  外角だから，

  ∠ABE＋65°＝100°

  ∠ABE＝ 35 °

  よって，

  ∠ABE＝∠ ACD

  したがって，

  円周角の定理の逆 から，

  4点A，B，C，Dは

  1つの円周上にある。

x の値を求めよう。

□ ❋ △ABP ∽ △DCP
    AP：DP＝BP：CP
    6：x＝8：12
    x＝9

  x＝9

◎ 攻略のポイント

円と相似

円周角の定理を使って，相似の証明をする。
円と交わる直線には，次の性質がある。

PA：PD＝PC：PB

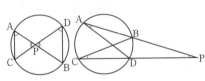

7章 三平方の定理

定理を確認しよう。

☐ 直角三角形の直角をはさむ2辺の長さを a, b, 斜辺の長さを c とすると,

$\underline{a^2+b^2=c^2}$ ❉三平方の定理

☐ 3辺の長さが a, b, c の三角形で, $a^2+b^2=c^2$ ならば, その三角形は, 長さ c の辺を 斜辺 とする 直角三角形 である。

特別な直角三角形の比を確認しよう。

☐ 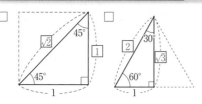 ☐

❉直角二等辺三角形
$1:1:\sqrt{2}$
└斜辺

❉$60°$ の角をもつ
直角三角形
$1:2:\sqrt{3}$
└斜辺

次の直角三角形で, x の値を求めよう。

☐

❉斜辺は 7 だから,
$x^2+4^2=7^2$
$x^2=33$ $x>0$ より
$x=\sqrt{33}$

$\underline{x=\sqrt{33}}$

☐

❉斜辺は 13 だから,
$x^2+12^2=13^2$
$x^2=25$ $x>0$ より
$x=5$

$\underline{x=5}$

☐

❉$x:8=1:\sqrt{2}$
$\sqrt{2}\,x=8$
$x=\dfrac{8}{\sqrt{2}}=4\sqrt{2}$

$\underline{x=4\sqrt{2}}$

☐

❉$x:3\sqrt{3}=1:\sqrt{3}$
$\sqrt{3}\,x=3\sqrt{3}$
$x=3$

$\underline{x=3}$

◎ 攻略のポイント

直角三角形の見つけ方

次の長さを3辺とする三角形のうち, 直角三角形は？

㋐ 9cm, 12cm, 15cm ㋑ 8cm, 12cm, 16cm

㋒ 5cm, 12cm, 13cm ㋓ 8cm, 15cm, 17cm

（答え ㋐, ㋒, ㋓）

もっとも長い辺を c とし, 残りの2辺を a, b として, $a^2+b^2=c^2$ が成り立つかどうかを調べるよ。

7章　三平方の定理

平面図形や空間図形の利用をおさえよう。

□ 2点間の距離

右の図の △ABC で

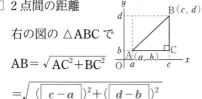

$$AB = \sqrt{AC^2 + BC^2}$$

$$= \sqrt{(\boxed{c-a})^2 + (\boxed{d-b})^2}$$

□ 弦の長さ

右の図の円 O で

$$AB = 2AH$$

$$= 2\sqrt{\boxed{r^2 - a^2}}$$

□ 直方体の対角線の長さ

$$BH = \sqrt{FH^2 + FB^2}$$
$$\quad\ \ {}_{\llcorner FG^2 + GH^2}$$

$$= \sqrt{FG^2 + GH^2 + FB^2}$$

$$= \sqrt{\boxed{a^2 + b^2 + c^2}}$$

□ 円錐の高さ

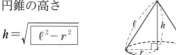

$$h = \sqrt{\boxed{\ell^2 - r^2}}$$

✵高さは底面に垂直だから、高さを辺とする直角三角形に注目して三平方の定理を使う。

2点 A，B 間の距離を求めよう。

□ 右の図の2点 A，B

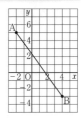

✵A$(-2, 5)$, B$(4, -3)$
$$AB = \sqrt{|4-(-2)|^2 + |5-(-3)|^2}$$
$$= \sqrt{6^2 + 8^2} = \sqrt{100} = 10$$

_____10_____

□ A$(3, 2)$, B$(1, 1)$

✵$$AB = \sqrt{(3-1)^2 + (2-1)^2}$$
$$= \sqrt{2^2 + 1^2} = \sqrt{5}$$

_____$\sqrt{5}$_____

次の直方体・立方体の対角線の長さを求めよう。

□ 縦 3m，横 5m，高さ 4m の直方体

✵$$\sqrt{3^2 + 5^2 + 4^2}$$
$$= \sqrt{50} = 5\sqrt{2}$$

_____$5\sqrt{2}$ m_____

□ 1辺 5cm の立方体

✵$$\sqrt{5^2 + 5^2 + 5^2}$$
$$= \sqrt{75} = 5\sqrt{3}$$

✵1辺が a の立方体の対角線の長さは
$$\sqrt{a^2 + a^2 + a^2} = \sqrt{3}\,a$$

_____$5\sqrt{3}$ cm_____

◎ 攻略のポイント

立体の表面上の2点を結ぶ線

右の直方体に，点 A から辺 BC を通って点 G まで糸をかけるとき，もっとも短い長さになる線は，展開図では線分 AG になる。

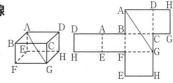

次の言葉を答えよう。

□ 調査の対象となっている集団全部について行う調査。
　　　　　　　　　　　　全数調査

□ 集団の一部分を調査して，集団全体の性質を推定する調査。
　　　　　　　　　　　　標本調査

□ 標本調査を行うとき，調査の対象となるもとの集団。　　　母集団

□ 調査のために母集団から取り出された一部分。　　　　標本

□ 偏りのないように，母集団から標本を取り出すこと。
　　　　　　　　　　無作為に抽出する

□ 母集団から抽出した標本の平均値。
　　　　　　　　　　　　標本平均

□ 缶詰の中身の品質検査で行われる調査は？　　　　標本調査

□ 中学校で健康調査を行うときは？
　　　　　　　　　　　　全数調査

次の調査は，全数調査，標本調査のどちら？

□ 電池の寿命の検査
　　　　　　　　　　　標本調査

□ テレビの視聴率調査
　　　　　　　　　　　標本調査

□ 学校の数学のテスト
　　　　　　　　　　　全数調査

□ 海水浴場の水質調査
　　　　　　　　　　　標本調査

次の問に答えよう。

□ 箱の中にあたりくじとはずれくじが合わせて150本入っています。これをよくかき混ぜて10本取り出したところ，あたりくじが4本ありました。この箱の中に入っているあたりくじの割合は，およそ $\frac{4}{10} = \boxed{\frac{2}{5}}$

したがって，箱の中のあたりくじの総数は，およそ

$150 \times \frac{2}{5} = \boxed{60}$ （本）

◎ 攻略のポイント

標本調査

集団の一部分を調査して，全体を推定する調査を**標本調査**，集団全体について調査することを**全数調査**という。標本は母集団から**無作為に抽出**する。
標本にふくまれる割合から，母集団全体にふくまれる数量を推定する。

(1) AH$=\sqrt{6^2-4^2}=\sqrt{20}=2\sqrt{5}$ (cm)

AB$=2$AH より，$x=2\times2\sqrt{5}=4\sqrt{5}$

(2) $\angle$APO$=90°$ であるから，

$x=\sqrt{7^2-3^2}=\sqrt{40}=2\sqrt{10}$

(2) $\sqrt{\{(-1)-(-5)\}^2+(2-0)^2}=\sqrt{4^2+2^2}$

$=\sqrt{20}=2\sqrt{5}$

(1) $\sqrt{8^2+10^2+6^2}=\sqrt{200}=10\sqrt{2}$ (cm)

(2) $\sqrt{3}\times5=5\sqrt{3}$ (cm)

別解 $\sqrt{5^2+5^2+5^2}=\sqrt{75}=5\sqrt{3}$ (cm)

---

p.59 予想問題

1 (1) $50\sqrt{3}$ cm²   (2) $8\sqrt{5}$ cm²

   (3) 56 cm²

2 (1) $3\sqrt{10}$ (2) 13

3 (1) 6 cm   (2) $3\sqrt{3}$ cm

4 (1) $\dfrac{32\sqrt{7}}{3}$ cm³   (2) $(32\sqrt{2}+16)$ cm²

5 $3\sqrt{7}$ cm

解説

1 (1) 正三角形 ABC の 2 つ分の面積になる。

$\triangle$ABC の高さは，$10\times\dfrac{\sqrt{3}}{2}=5\sqrt{3}$ (cm)

$\triangle$ABC$=\dfrac{1}{2}\times10\times5\sqrt{3}=25\sqrt{3}$ (cm²)

(ひし形 ABCD)$=25\sqrt{3}\times2=50\sqrt{3}$ (cm²)

(参考) 1 辺が a の正三角形の面積は $\dfrac{\sqrt{3}}{4}a^2$

で求められる。

(2) BC の中点を D とすると，

BD$=4$ cm，AD$\perp$BC

AD$=\sqrt{6^2-4^2}=\sqrt{20}=2\sqrt{5}$ (cm)

$\triangle$ABC$=\dfrac{1}{2}\times8\times2\sqrt{5}=8\sqrt{5}$ (cm²)

(3) 点 D から BC へ垂線 DH をひくと，

DH$=8$ cm

$\triangle$CDH において，三平方の定理を使うと，

CH$=\sqrt{10^2-8^2}=\sqrt{36}=6$ (cm)

AD$=10-6=4$ (cm)

(台形 ABCD)$=\dfrac{1}{2}\times(4+10)\times8=56$ (cm²)

---

(2) $\sqrt{\{9-(-3)\}^2+(6-1)^2}$

$=\sqrt{12^2+5^2}=\sqrt{169}=13$

3 (2) 直角二等辺三角形 BCG で，

BG$=\sqrt{2}\times2\sqrt{3}=2\sqrt{6}$ (cm)

$\angle$B$=90°$ の直角三角形 MBG で

MG$=\sqrt{(2\sqrt{6})^2+(\sqrt{3})^2}=\sqrt{27}=3\sqrt{3}$ (cm)

4 (1) 頂点 O から，底面へ垂線 OH をひくと，

AH$=\dfrac{1}{2}\times4\sqrt{2}=2\sqrt{2}$ (cm)

OH$=\sqrt{6^2-(2\sqrt{2})^2}=\sqrt{28}=2\sqrt{7}$ (cm)

求める体積は，$\dfrac{1}{3}\times4^2\times2\sqrt{7}=\dfrac{32\sqrt{7}}{3}$ (cm³)

(2) 頂点 O から，AB へ垂線 OM をひくと，

AM$=\dfrac{1}{2}\times4=2$ (cm)

OM$=\sqrt{6^2-2^2}=\sqrt{32}=4\sqrt{2}$ (cm)

$\triangle$OAB$=\dfrac{1}{2}\times4\times4\sqrt{2}=8\sqrt{2}$ (cm²)

求める表面積は，

$8\sqrt{2}\times4+4^2=32\sqrt{2}+16$ (cm²)

5 直線 AB は円 O の接線だから，$\angle$ABO$=90°$

AO$=3+9=12$ (cm)

AB$=\sqrt{12^2-9^2}=\sqrt{63}=3\sqrt{7}$ (cm)

---

p.60～p.61 章末予想問題

1 (1) $x=9$ (2) $x=7$ (3) $x=2\sqrt{3}$

2 (1) 12 cm   (2) 84 cm²

3 (1) $2\sqrt{26}$

   (2) $\angle$A$=90°$ の直角二等辺三角形

4 28π cm³

5 (1) $6\sqrt{6}$ cm   (2) 54 cm²

   (3) $12\sqrt{2}$ cm

6 (1) 4 (2) $(1,\ \sqrt{3})$

7 (1) $\dfrac{5}{2}$ cm   (2) $\dfrac{13}{2}$ cm

解説

2 (1) BH$=x$ cm として，AH^2 を 2 通りに表す。

AH$^2=15^2-x^2=225-x^2$

AH$^2=13^2-(14-x)^2=-x^2+28x-27$

よって，$225-x^2=-x^2+28x-27$

$\qquad\qquad 28x=252 \qquad x=9$

ゆえに，AH$=\sqrt{15^2-9^2}=\sqrt{144}=12$ (cm)

(2) $\dfrac{1}{2}\times 14\times 12=84\,(\text{cm}^2)$

③ (1) $\text{BC}=\sqrt{\{6-(-4)\}^2+\{-2-(-4)\}^2}$
$\qquad\quad =\sqrt{104}=2\sqrt{26}$

(2) $\text{AB}=\text{AC}=2\sqrt{13}$ であり，$\text{BC}=\sqrt{2}\,\text{AB}$ が
　 成り立つから，△ABC は ∠A＝90°の直角
　 二等辺三角形である。

④ 点Dから直線 AB へ垂線 DH をひくと，
　 $\text{AH}=5-2=3\,(\text{cm})$
　 $\text{DH}=\sqrt{4^2-3^2}=\sqrt{7}\,(\text{cm})$
　 求める体積は，底面が半径 $\sqrt{7}$ cm の円で高さ
　 が 5 cm の円柱の体積から，底面が半径 $\sqrt{7}$ cm
　 の円で高さが 3 cm の円錐の体積をひいたもの
　 になるから，
　 $\pi\times(\sqrt{7})^2\times5-\dfrac{1}{3}\times\pi\times(\sqrt{7})^2\times3=28\pi\,(\text{cm}^3)$

⑤ (2) $\text{CA}=\text{CF}=\sqrt{12^2+6^2}=\sqrt{180}=6\sqrt{5}\,(\text{cm})$
　　 $\text{AF}=6\sqrt{2}$ cm
　　 点Cから AF へ垂線 CI をひくと，
　　 $\text{AI}=\text{FI}=3\sqrt{2}$ cm だから，
　　 $\text{CI}=\sqrt{(6\sqrt{5})^2-(3\sqrt{2})^2}=\sqrt{162}=9\sqrt{2}\,(\text{cm})$
　　 $\triangle\text{AFC}=\dfrac{1}{2}\times6\sqrt{2}\times9\sqrt{2}=54\,(\text{cm}^2)$

(3) 長方形 ABCD，BFGC をつなげてかいた
　 展開図において，線分 AG の長さになる。
　 $\sqrt{(6+6)^2+12^2}=\sqrt{12^2\times2}=12\sqrt{2}\,(\text{cm})$

⑥ (1) 円周角の定理から，
　　 ∠OAB＝∠OPB＝30°
　　 △AOB は ∠OAB＝30°の直角三角形なので，
　　 $\text{AB}=\text{AO}\times\dfrac{2}{\sqrt{3}}=2\sqrt{3}\times\dfrac{2}{\sqrt{3}}=4$

(2) $\text{OB}=4\times\dfrac{1}{2}=2$
　 円の中心は AB の中点なので，$2\div2=1$，
　 $2\sqrt{3}\div2=\sqrt{3}$ から，$(1,\ \sqrt{3})$

⑦ (1) $\text{AF}=x$ cm とすると，$\text{DF}=9-x\,(\text{cm})$
　　 AD∥BC より，∠FDB＝∠DBC　…①
　　 折り返した角だから，∠FBD＝∠DBC　…②
　　 ①，②より △FBD は二等辺三角形だから，
　　 $\text{BF}=\text{DF}=9-x\,(\text{cm})$
　　 △ABF で，$x^2+6^2=(9-x)^2$　$x=\dfrac{5}{2}$

(2) $\text{BF}=9-\dfrac{5}{2}=\dfrac{13}{2}\,(\text{cm})$

8章 標本調査

p.63 　　　 予想問題

１ (1) 全数調査　　　(2) 標本調査

２ (1) ある都市の中学生全員
　　(2) 350　　　　(3) ⑦

３ およそ 48 人

４ およそ 2400 匹

５ (1) 68.9 語　　　(2) およそ 62000 語
　　(3) 小さくなる

解説

３ $320\times\dfrac{6}{40}=48\,(\text{人})$

４ $300\times\dfrac{240}{30}=2400\,(\text{匹})$

別解 池全体の魚の数を x 匹とおいて，比例式
　　をつくる。
　　 $x:300=240:30$　　　$30x=300\times240$
　　 $x=2400$

５ (1) $(64+62+68+76+59+72+75+82+62$
　　　$+69)\div10=689\div10=68.9\,(\text{語})$
　　(2) $68.9\times900=62010\ \rightarrow\ $ およそ 62000 語

---

p.64 　　　 章末予想問題

１ (1) 標本調査　　　(2) 全数調査
　　(3) 全数調査　　　(4) 標本調査

２ ⑦

３ (1) $\dfrac{7}{12}$　　　(2) およそ 350 枚

４ およそ 100 個

解説

１ (2) 空港では危険物の持ち込みを防ぐために
　　 すべての乗客に対して，手荷物検査を実施し
　　 ている。

２ ⑦や⑦の方法だと，標本の性質に偏りが出る
　　ので不適切である。

３ (1) $\dfrac{16+19}{60}=\dfrac{35}{60}=\dfrac{7}{12}$

(2) $600\times\dfrac{7}{12}=350\,(\text{枚})$

４ 黒い碁石の個数を x 個とすると，
　 $x:60=(40-15):15$
　 $15x=60\times25$　　　$x=100$